계획·디자인·운영으로 읽는 도시
도시는 다 계획이 있구나

도시는 다 계획이 있구나

2025년 10월 10일 초판 1쇄 발행

지은이	장기민
펴낸이	김종욱
교정·교열	조은영
디자인	송여정
마케팅	백인영
출판운영	류서진
주　소	경기도 파주시 회동길 325-22 세화빌딩
신고번호	제382-2010-000016호
대표전화	032-326-5036
구입문의	032-326-5036 / 010-6471-2550 / 070-8749-3550
팩스번호	031-360-6376
전자우편	mimunsa@naver.com
ISBN	979-11-87812-42-5

ⓒ 장기민, 2025

* 이 책은 저작권법에 의해 보호되는 저작물이므로
무단 전재, 복제는 법으로 금지되어 있습니다.

계획·디자인·운영으로 읽는 도시

도시는 다 계획이 있구나

장기민 지음

미문사

| 차례 |

머리말　　　　　　　　　　　　　　　　　　　　　　　　　　　11

CHAPTER

01 도시의 미학과 문화
아름다움을 추구하는 도시의 속마음

1-1　디자인 | 공공디자인이 만든 도시의 미학
문화가 된 도시디자인　　　　　　　　　　　　　　　　　　16

1-2　경제 | 자본과 문화가 함께 만든 도시브랜드의 경제미학
경제 인프라가 창조한 도시문화　　　　　　　　　　　　　　25

1-3　문화 | 문화라는 정체성의 도시
시민이 직접 만드는 길 위의 무대　　　　　　　　　　　　　34

1-4　ESG | 느리지만 멀리 가는 지속 성장 도시
자원 순환경제와 탄소 중립 디자인이 바꾸는 도시 문화　　　43

1-5　산업 | 도시 재생이 만들어낸 어반 갤러리
문화-산업 하이브리드 경제 생태계　　　　　　　　　　　　51

1-6	재생	**낡음이 직접 써내려간 도시재생의 미학**	
		도시의 과거와 현재가 직접 만든 재생의 미학	**61**

1-7	교육	**도시라는 교과서가 만든 학습의 공간**	
		도시 문화가 구성한 학습의 생태계	**68**

1-8	정치	**도시 디자인이 만든 공간 민주주의**	
		도시의 조형물과 거버넌스가 만들어낸 일상의 미학	**76**

1-9	휴식	**숨 쉬는 휴식의 도시**	
		호흡이 느린 도시의 방식과 공간에 대한 해석	**84**

1-10	환경	**생태 디자인이 완성한 환경 미학**	
		다시 숲이 된 도시	**92**

1-11	관광	**길 위에 경제가 있는 도시의 미학**	
		관광객을 상대로 만들어진 도시의 강력한 브랜드	**100**

1-12	공간	**경계가 없는 방처럼 유연한 도시 공간 미학**	
		수직과 수평의 융합이 만든 3차원 도시의 공간적 서사	**108**

CHAPTER

02   도시의 환경에 대한 예술적 이해
갑자기 르네상스가 내게 말을 걸어왔다

2-1	디자인	**바이오필릭 도시공간, 미디어 파사드 도시 미학**	
		순환재료 디자인이 만든 도시 생태 예술	**118**

2-2	계획	**알고리즘이 그려낸 실시간 도시 계획**	
		기후위기 · 문화상상이 만난 새로운 계획	**125**

2-3	재생	**캔버스가 된 도시, 거리 위 업사이클 프로젝트**	
		순환경제와 공공미학	**132**

2-4	미술	**에코 캔버스로 가득한 길 위의 갤러리**	
		디지털 정원과 공공미술이 디자인한 도시 환경	**140**

2-5	음악	**도시의 환경과 생태 교향곡**	
		사운드 어바니즘과 도시 계획	**148**

2-6	보건	**공공예술이 만들어낸 도시의 처방전**	
		행동유도를 추구한 건강도시	**156**

2-7	주거	**공유경제와 공유주거, 15분 도시 주거**	
		라이프스타일의 사회 연결망	**164**

2-8	생활	**도시 환경이 설계한 24시간 라이프**	
		지속가능 생활도시	**172**

2-9	경제	**몰입형 예술이 만든 도시 수익 모델**	
		환경·예술·경제가 만난 도시 경제 순환 메커니즘	**183**

2-10	산업	**그린 팩토리와 업사이클이 만든 도시의 산업구조**	
		순환경제 하이브리드 시스템	**193**

2-11	투자	**그린·아트 투자로 그려낸 도시 ESG 포트폴리오**	
		환경×예술 프로젝트, 분산금융 도시경제학	**201**

2-12	공간	**마이크로 스페이스가 연출한 환경·예술 포켓 시티**	
		바이오필릭 클러스터, 다중 도시 공간	**210**

CHAPTER

03 서양 문화와 도시 미학
물과 공기마저 디자인의 일부가 된 도시의 지속 가능성

3-1	미술	**서양 미술이 만든 시선** 미술이 창조한 문화와 권력	222
3-2	경제	**자본주의가 그려낸 서양 문화와 미학** 화폐와 도시, 문화적 소비의 도시	230
3-3	문화	**그리스 신화와 넷플릭스** 서양의 도시를 만든 문화 자본의 미학	238
3-4	예술	**서구 예술이 그려낸 하나의 시대** 갤러리 경제와 예술 생태계	244
3-5	산업	**증기기관에서 실리콘으로** 공장 생태계로 부터 빚어진 도시의 미학과 문화	251
3-6	발전	**산업혁명과 대량생산, AI로 이어지는 도시의 발전** 프로메테우스로부터 디지털 조명의 스마트시티까지	256
3-7	교육	**12세기 옥스퍼드부터 21세기 비대면 캠퍼스까지** 도시에 펼쳐진 열린 교실과 저마다의 대학캠퍼스	262
3-8	정치	**광장에서 의회로, 다시 뉴스피드로** 권력과 소통, 미학의 정치 시스템	268
3-9	질병	**흑사병, 콜레라에서 21세기 코로나까지** 도시가 건강을 다루는 경계의 과정	276
3-10	환경	**스모그에서 그린시티까지** 환경이 도시를 통해 나타낸 혁신	284

3-11	도시	**메타버스와 르네상스, 산업과 도시의 유연성**
		도시문화의 창조적 상상력　　　　　　　　　　　　　　**293**

3-12	전쟁	**서양 도시가 설계한 전쟁 인프라**
		전쟁과 재건 속 탄생한 서양 도시 미학　　　　　　　　**302**

| 머리말 |

 계획학 박사가 된 후로 한 가지 의문이 생겼다. 이 땅 위를 살면서 계획이란 건 오직 사람만이 세울 수 있는 것일까? 가장 먼저 파헤쳐 보고 싶었던 건 도시가 주체가 된 1인칭 관점에서의 계획이었다.

 도시를 사람처럼 의인화하는 작업은 인하대 변병설 교수님과 함께 출간을 준비한 『도시의 MBTI와 콘셉트』에서 진행했었고, 시공간을 초월하며 도시와 공간을 사유하는 개념은 베스트셀러인 『하버드 씽킹』의 출간을 성공시키며 완성해 낸 바 있다. 또한 하나의 제품 또는 공간이 도시의 개념으로 확장되거나 반대로 축소될 수 있다는 사상적 근거는 『플랫폼씽킹』이라는 단행본 서적을 여러 가지 버전으로 출간하며 완성했기에 도시가 주체가 되어 직접 생각하고 계획하고 실행할 수 있다는 논리는 이미 완성된 상태이다.

우리 개인은 도시를 구성하고 있는 저마다의 세포이다. 그런 관점에서 우리가 하고 있는 생각과 행동은 도시라는 큰 유기체의 자발적 행동에 적지 않은 영향력을 행사하고 있다. 그렇게 지금도 우리가 보여주는 삶의 모습은 집단적 프레임으로 저장되어 도시라는 존재의 시대성을 분류해 내는 자료화면으로 사용되고 있다.

이 책의 제목은 영화 기생충 속 시대의 유행어가 된 "너는 다 계획이 있구나"라는 대사에 착안하며 발안되었다. 우리는 도시라는 거대한 공간 속에 머물며 매 순간 도시가 행위하는 계산의 주체가 되어 살아가고 있다. 이러한 도시의 계산은 어느 순간 거시적 관점에서 도시의 계획으로 확장되는데, 이처럼 우리의 일상적 행동은 도시의 계획에 아주 중요한 부분을 차지한다.

이 책을 쓸 수 있게 되기까지 물리적으로나 환경적으로, 비일상적으로, 탈경계적인 방법으로 다양한 도움을 주신 많은 분들께 감사드린다. 인하대학교 행정학과 변병설 교수님, 한양대학교 산업디자인학과 박경진 교수님, 국민대학교 경영학과 주재우 교수님, 동의대학교 디자인공학부 박광철 교수님, 인하대학교 도시계획학과 동문회, 인하대학교 병설학과 제자모임, 국민대학교 디자인학과 동문회, 한국외대경영대학원

원우회와 한국외대MBA 41기 동기들, 고려경영연구소 이원교 대표님, 전희석 본부장님, 엄기국 부지점장님과 팀장님들, 부족한 원고를 멋진 책으로 승화시켜 주신 미문사 김종욱 대표님, 좋은 디자인을 위해 갈고 닦아주신 송여정 디자이너님, 내 강의와 교재를 선택한 모든 대학교의 모든 학생들, 지금 이 순간에도 뒷바라지해 주고 있는 가족들, 감히 이름을 담지는 못했지만 힘든 삶 속에서 함께 최선을 다하고 있는 많은 동반자들에게 감사의 인사를 전한다.

CHAPTER

01

도시의 미학과 문화

아름다움을 추구하는 도시의 속마음

1-1	공공디자인이 만든 도시의 미학
1-2	자본과 문화가 함께 만든 도시브랜드의 경제미학
1-3	문화라는 정체성의 도시
1-4	느리지만 멀리 가는 지속 성장 도시
1-5	도시 재생이 만들어낸 어반 갤러리
1-6	낡음이 직접 써내려간 도시재생의 미학
1-7	도시라는 교과서가 만든 학습의 공간
1-8	도시 디자인이 만든 공간 민주주의
1-9	숨 쉬는 휴식의 도시
1-10	생태 디자인이 완성한 환경 미학
1-11	길 위에 경제가 있는 도시의 미학
1-12	경계가 없는 방처럼 유연한 도시 공간 미학

1-1

| 디자인 |

공공디자인이 만든 도시의 미학

문화가 된 도시디자인

매일 아침 집을 나서는 순간부터 우리는 도시가 준비한 수많은 디자인 언어와 만난다. 지하철 입구의 사인시스템, 버스 정류장의 형태와 색상, 공원의 벤치 배치, 심지어 보도블록의 패턴까지 - 이 모든 것들이 우리의 일상을 둘러싸고 있는 공공디자인이다. 그런데 언제부터인가 이러한 공공디자인은 단순한 기능적 요소를 넘어 도시의 미학을 정의하고, 문화적 가치를 창출하며, 나아가 도시민들의 삶의 질을 결정하는 핵심 동력이 되었다.

공간이 이야기하는 것들

공공디자인이 도시에 미치는 혁신적 영향을 가장 극명하게 보여주는 사례는 뉴욕의 하이라인 파크다. 30년간 방치되었던 폐 고가철도를 시민들의 참여로 공원으로 재탄생시킨 이 프로젝트는 개관 10년 만에 2조 원이 넘는 경제효과를 창출했다. 하지만 진정한 가치는 경제적 성과를 넘어선다. 이 프로젝트는 '버려진 공간도 아름다운 문화공간이 될 수 있다'는 새로운 도시 미학의 패러다임을 제시했다.

하이라인의 성공 비결은 단순히 예쁜 공원을 만든 것이 아니라, 그 공간이 가진 역사적 맥락과 지역 특성을 디자인에 온전히 녹여낸 데 있다. 과거 화물열차가 달리던 철로의 흔적을 그대로 보존하면서도 현대적 감각의 조경과 휴식 공간을 조화롭게 배치했다. 이는 공공디자인이 단순한 미적 장식이 아니라, 도시의 기억과 정체성을 담아내는 문화적 매개체임을 보여준다.

시카고의 밀레니엄 파크 역시 마찬가지다. 도심 한복판 24.5에이커 면적에 조성된 이 공원은 아니시 카푸어의 '클라우드 게이트'를 비롯한 세계적 수준의 공공미술로 채워져 있다. 특히 '빈'이라는 별명으로 불리는 클라우드 게이트는 시카고 스카이라인을 반사하여 도시 전체를 하나의 거대한 예술작품으로 만들어낸다. 이는 공공디자인이 도시의 정체성을 형성하고 시민들에게 자부심을 선사하는 강력한 수단임을 보여준다.

도시가 가르치는 것들

공공디자인의 교육적 효과는 생각보다 광범위하고 깊이 있다. 최근 연구에 따르면, 공공디자인 교육을 받은 초등학생들은 노인, 임산부, 장애인 등 다양한 공공환경 이용자의 특성을 이해하고 배려하는 능력이 크게 향상되었다. 특히 '지속가능한 공공디자인' 주제에 대한 이해도가 88.89%에 달해, 생태적 사고와 공존 가치에 대한 학습 효과가 높게 나타났다.

이는 도시 자체가 거대한 교육 공간이 되고 있음을 의미한다. 유니버설 디자인이 적용된 지하철 역사는 장애인과 비장애인이 함께 이용할 수 있는 환경이 무엇인지 몸소 체험하게 한다. 점자블록, 음성안내 시스템, 저상버스 등은 모든 시민이 동등하게 도시 서비스를 이용할 수 있어야 한다는 인권 의식을 자연스럽게 내재화시킨다.

또한 친환경 소재로 만든 공원 시설물들은 지속가능성의 중요성을 자연스럽게 깨닫게 한다. 재활용 플라스틱으로 만든 벤치, 태양광 패널이 설치된 버스 정류장, 빗물을 재활용하는 분수대 등은 환경 친화적 생활 방식이 무엇인지 시각적으로 보여주는 교육 도구가 된다.

창조경제의 새로운 엔진

공공디자인의 산업적 효과는 단순히 관광객 유치에 그치지 않는다. 일본의 가와고에는 1893년 화재 이후 전통적인 목조 건축물들을 복원하면서 일관된 디자인 가이드라인을 적용했다. '구라즈쿠리'라 불리는 전통 상가 건축 양식을 현대적으로 재해석하여 도시 전체에 통일성 있는 경관을 만들어냈다. 그 결과 독특한 도시 경관이 형성되었고, 이는 관광산업뿐만 아니라 전통 공예업, 음식업, 숙박업 등 관련 산업 전반의 부흥을 이끌었다.

우리 나라의 경우도 마찬가지다. 서울의 청계천 복원 프로젝트는 도심 재생의 상징이 되었을 뿐만 아니라, 주변 지역의 부동산 가치 상승과 상업 활성화를 가져왔다. 청계천을 중심으로 한 문화 벨트가 형성되면서 광화문 일대가 새로운 문화 관광 거점으로 부상했다. 공공디자인이 지역경제에 미치는 파급효과는 초기 투자 비용을 훨씬 뛰어넘는 경제적 가치를 창출한다는 것이 각종 연구를 통해 입증되고 있다.

특히 주목할 점은 공공디자인이 창조산업 생태계를 조성하는 허브 역할을 한다는 것이다. 질 높은 공공디자인 프로젝트는 우수한 디자이너와 건축가들을 지역으로 유입시키고, 이들의 활동은 다시 지역의 디자인 역량을 강화시키는 선순환 구조를 만든다.

공공성의 미학

공공디자인에서 가장 중요한 것은 '공공성의 미학'이다. 이는 개인의 취향이나 일부 계층의 선호를 넘어서 모든 시민이 공감할 수 있는 보편적 아름다움을 추구하는 것이다. 요코하마시는 도시 디자인의 7가지 목표를 설정하면서 "각 지역의 자연적, 역사적, 문화적 가치를 도입하여 미적, 인간적 가치를 실현한다"고 명시했다.

이러한 접근법은 디자인이 단순히 '예쁜 것'을 만드는 것이 아니라, 지역의 정체성을 발굴하고 시민들의 삶의 질을 향상시키는 종합적 해결책임을 보여준다. 서울 공공디자인 정책 역시 "도시와 지역의 사회문화적 정체성을 브랜드화하고 경제, 사회, 문화적 가치를 확대하고 재생산하는 기능"을 강조하고 있다.

성공적인 공공디자인은 세 가지 핵심 요소를 갖추어야 한다. 첫째, 기능성이다. 아무리 아름다워도 시민들의 실제 필요를 충족시키지 못한다면 의미가 없다. 둘째, 접근성이다. 모든 시민이 차별 없이 이용할 수 있어야 한다. 셋째, 지속가능성이다. 환경에 미치는 영향을 최소화하면서도 오랜 기간 유지될 수 있어야 한다.

스마트한 공공디자인

4차 산업혁명 시대를 맞아 스마트시티가 부상하면서 공공디자인도 새로운 전환점을 맞고 있다. 스마트 공공시설물은 단순한 정보 제공을 넘어 시민들의 참여를 유도하고 도시 데이터를 수집하는 플랫폼 역할을 한다. 예를 들어, 스마트 버스 정류장은 실시간 교통 정보를 제공하는 동시에 공기질 측정, 무료 와이파이 서비스, 휴대폰 충전, 디지털 사이니지를 통한 지역 정보 제공 등 다양한 기능을 통합한다.

미래의 공공디자인은 더욱 개인화되고 상호작용적이 될 것이다. AI 기반의 반응형 디자인이 도입되어 시간대별, 날씨별, 이용자별로 최적화된 서비스를 제공할 수 있게 될 것이다. 예를 들어, 스마트 가로등은 보행자의 움직임을 감지하여 조도를 조절하고, 스마트 벤치는 이용자의 체온과 날씨를 고려하여 온도를 조절할 수 있다.

하지만 이러한 기술적 진보 속에서도 공공디자인의 본질적 가치인 '모든 시민을 위한 배려'는 변하지 않을 것이다. 기술은 수단이지 목적이 아니다. 진정한 스마트 공공디자인은 기술을 통해 더 많은 시민들이 더 편리하고 안전하게 도시를 이용할 수 있도록 하는 것이다.

디자인으로 경쟁하는 시대

오늘날 도시들은 관광객과 투자를 유치하기 위해 치열하게 경쟁하고 있다. 이 경쟁에서 공공디자인은 도시의 브랜드 가치를 결정하는 핵심 요소가 되었다. 포르투갈의 포르투시는 전통적인 푸른 타일을 활용한 플렉서블 디자인 시스템을 구축하여 도시 전체의 일관된 이미지를 만들어냈다.

이는 단순한 로고나 슬로건을 넘어서 도시의 모든 접점에서 일관된 브랜드 경험을 제공하는 통합적 접근법이다.

네덜란드의 암스테르담은 자전거 친화적 도시 인프라를 통해 지속 가능한 도시 이미지를 구축했다. 자전거 도로 디자인, 자전거 주차장 시설, 자전거 대여 시스템 등이 모두 일관된 디자인 언어로 통합되어 있다. 이는 공공디자인이 도시의 정책 비전과 어떻게 연결될 수 있는지 보여주는 좋은 사례다.

문화가 된 디자인, 디자인이 만든 문화

공공디자인은 이제 단순한 도시 시설물을 넘어 우리 삶의 문화 그 자체가 되었다. 잘 설계된 공공공간에서 시민들은 자연스럽게 소통하고, 문화를 향유하며, 공동체 의식을 형성한다. 이는 곧 도시의 사회적 자본을 축적하는 과정이다.

서울의 청계천에서 시민들이 산책하고 소통하는 모습, 뉴욕의 하이라인에서 다양한 문화 행사가 열리는 장면, 시카고의 밀레니엄 파크에서 가족들이 함께 시간을 보내는 풍경 - 이 모든 것들이 공공디자인이 만들어낸 도시 문화의 단면들이다.

'디자인'이라는 키워드로 시작된 공공디자인은 이제 도시의 미학을 정의하고, 교육적 가치를 창출하며, 산업적 파급효과를 만들어내는 종합적 도시 전략이 되었다. 미래의 도시는 더욱 아름답고, 더욱 지능적이며, 더욱 인간적인 공공디자인을 통해 시민들의 삶을 풍요롭게 만들 것이다.

결국 공공디자인이 만든 도시의 미학은 단순한 시각적 아름다움을 넘어, 시민들의 삶의 질을 향상시키고 도시의 경쟁력을 강화하는 문화적 동력이 되었다. 이것이야말로 진정한 의미에서 '문화가 된 도시디자인'이다. 우리는 이제 도시를 단순히 살아가는 공간이 아니라, 디자인이 만들어낸 거대한 문화 콘텐츠로 인식해야 할 때다.

1-2
| 경제 |

자본과 문화가 함께 만든 도시브랜드의 경제 미학

경제 인프라가 창조한 도시 문화

도시를 바라보는 시선이 달라지고 있다. 과거에는 단순히 사람들이 모여 사는 공간이었던 도시가 이제는 하나의 거대한 브랜드가 되었다. 그리고 이 브랜드의 핵심에는 '디자인'이 있다. 자본과 문화가 만나 창조해낸 도시 브랜드의 경제 미학은 21세기 도시 경영의 새로운 패러다임을 제시한다.

자본이 만든 문화, 문화가 부른 자본

도시 브랜딩의 가장 극적인 사례는 스페인의 빌바오다. 1990년대 쇠퇴일로에 있던 이 산업도시는 구겐하임 미술관 하나로 완전히 다른 모습으로 변모했다. 1억 달러가 투입된 이 프로젝트는 '빌바오 효과'

라는 경제 용어까지 만들어냈다. 개관 후 25년간 2,500만 명 이상의 방문객을 유치했고, 바스크 지방에 65억 유로 이상의 수익을 가져다줬다.

 빌바오의 성공은 단순한 건축물 하나의 힘이 아니었다. 그것은 철저한 경제적 계산과 문화적 비전이 만난 결과였다. 프랭크 게리가 설계한 미술관의 혁신적인 디자인은 도시 전체의 브랜드 이미지를 바꿔놓았다. 녹슨 공장 굴뚝들 사이로 솟아오른 티타늄 곡선의 건축물은 '산업도시 빌바오'를 '문화도시 빌바오'로 재탄생시켰다.

이 과정에서 주목할 점은 경제 인프라가 문화를 창조한 방식이다. 단순히 미술관을 지은 것이 아니라, 도시 전체의 교통망, 호텔, 레스토랑, 상점들이 함께 재편되었다. 지역 호텔이 10배 이상 늘어났고, 새로운 일자리가 대거 창출되었다. 자본의 투자가 문화적 변화를 이끌었고, 그 문화적 변화가 다시 더 큰 자본을 불러들이는 선순환 구조가 만들어진 것이다.

디자인이 만든 도시 아이덴티티

런던의 창조경제 성공 사례는 더욱 체계적이다. 영국 정부는 1990년대 후반부터 '쿨 브리태니아(Cool Britannia)' 정책을 통해 문화를 경제성장의 핵심 동력으로 삼았다. 런던은 이 정책의 중심에서 170개 이상의 미술관과 박물관, 200개 이상의 공연장을 갖춘 창조도시로 발전했다.

특히 런던의 테크시티 정책은 주목할 만하다. 쇼디치(Shoreditch) 지역의 낙후된 창고들과 공장들을 디지털 기업들의 허브로 탈바꿈시킨 이 프로젝트는 물리적 공간의 디자인 개선과 함께 시작되었다. 기존 건물들의 산업 유산적 특성을 살리면서도 현대적 감각을 더한 리노베이션 디자인이 젊은 창업가들을 끌어모았다.

이 과정에서 디자인은 단순한 미적 요소가 아니라 경제적 전략의 핵심이었다. 구글, 페이스북, 아마존 등 글로벌 기업들이 런던에 유럽

본부를 설치한 것도 이런 창조적 도시 환경 때문이었다. 런던의 창조산업이 국가 생산성에 기여하는 비중은 해마다 증가하고 있으며, 젊은 글로벌 인재들을 유치하는 핵심 요소로 작용하고 있다.

경제적 효과를 극대화하는 브랜드 전략

암스테르담의 'I Amsterdam' 캠페인은 도시 브랜딩의 경제적 효과를 극명하게 보여준다. 2004년 시작된 이 캠페인은 단순한 슬로건을 넘어 도시 전체의 통합 브랜딩 시스템을 구축했다. 공항에서부터 지하철역, 관광지까지 일관된 디자인 언어로 도시의 정체성을 표현했다.

그 결과는 놀라웠다. 관광객 수가 급증했고, 국제 기업들의 유럽 본부 유치 경쟁에서 우위를 점했다. 특히 창조산업 분야에서 암스테르담은 유럽의 주요 허브로 자리잡았다. 이는 수익과 일자리 창출이 선순환하는 경제효과로 이어져 도시와 국가 경제에 큰 영향을 미쳤다.

한국의 성공 사례도 있다. 이천시는 SK하이닉스의 성장과 함께 '반도체 도시'라는 브랜드를 구축했다. 산업 인프라와 문화 인프라가 조화롭게 발전하면서 지역 경제 활성화와 일자리 창출에 크게 기여했다. 이는 자본과 문화가 상호 보완적으로 작용하여 도시 브랜드를 형성한 대표적 사례다.

도시가 가르치는 창조 정신

도시 브랜딩의 교육적 효과는 경제적 효과만큼 중요하다. 성공적인 도시 브랜드는 시민들에게 자부심과 소속감을 주고, 창조적 사고를 기르는 무형의 교육 인프라 역할을 한다.

런던의 창조도시 정책은 젊은 인재들에게 혁신적 사고와 기업가 정신을 체득할 수 있는 환경을 제공한다. 테크시티의 스타트업 생태계에서 일하는 젊은이들은 단순히 기술을 배우는 것이 아니라, 창조적 협업과 혁신적 문제해결 방식을 경험한다. 이런 경험이 축적되어 도시 전체의 창조적 역량을 높이는 선순환 구조를 만든다.

빌바오의 경우도 마찬가지다. 구겐하임 미술관은 단순한 관광 명소가 아니라 지역 주민들의 문화적 소양을 기르는 교육 공간이다. 특히 어린이와 청소년들이 세계 최고 수준의 현대미술을 일상적으로 접할 수 있는 환경이 조성되면서, 다음 세대의 창조적 역량이 크게 향상되었다.

새로운 산업 생태계의 탄생

도시 브랜딩의 산업적 파급효과는 단순한 관광 수입 증대를 넘어선다. 그것은 새로운 산업 생태계를 탄생시키는 촉매 역할을 한다.

런던의 창조산업 클러스터는 산업 육성뿐만 아니라 해외 전문인력 유입, 관광 및 투자 증진 등 다각도의 경제적·사회문화적 효과를 가져왔다. 특히 핀테크, 게임, 광고, 패션 등 다양한 창조산업 분야에서 글로벌 경쟁력을 갖춘 기업들이 속속 등장했다.

빌바오의 경우, 구겐하임 미술관 효과로 문화관광산업이 급성장했을 뿐만 아니라, 건축·디자인 산업, 창조산업 전반이 함께 발전했다. 특히 바스크 지역의 전통 문화와 현대 예술이 융합된 독특한 문화 콘텐츠 산업이 새롭게 형성되었다.

스마트 브랜딩

4차 산업혁명 시대를 맞아 도시 브랜딩도 스마트해지고 있다. 빅데이터, AI, IoT 등 첨단 기술을 활용한 도시 브랜딩은 더욱 정교하고 효과적인 경제 성과를 만들어낸다. 스마트시티 정책과 연계된 도시 브랜딩은 시민들의 삶의 질을 향상시키는 동시에 경제적 가치를 창출한다.

예를 들어, 스마트 교통 시스템은 도시의 효율성을 높이는 동시에 '첨단 도시'라는 브랜드 이미지를 구축한다. 이는 하이테크 기업들의 투자를 유치하고, 우수 인재들을 끌어모으는 효과를 가져온다.

또한 디지털 플랫폼을 활용한 도시 브랜딩은 글로벌 차원에서 도시의 매력을 홍보하는 새로운 방법을 제시한다. 소셜미디어, 가상현실, 메타버스 등을 활용해 도시의 문화적 콘텐츠를 전세계에 실시간으로 전파할 수 있게 되었다.

지속가능한 도시 브랜드의 조건

성공적인 도시 브랜딩의 핵심은 지속가능성에 있다. 일회성 이벤트나 단기적 투자로는 진정한 도시 브랜드를 구축할 수 없다. 자본과 문화가 조화롭게 발전하는 장기적 비전이 필요하다.

먼저 지역의 고유한 문화적 자산을 발굴하고 보존하는 것이 중요하다. 빌바오가 바스크 지역의 전통 문화를 현대적으로 재해석한 것처럼, 지역 정체성에 기반한 브랜딩이 진정성을 갖는다.

둘째, 시민 참여가 필수적이다. 외부 관광객만을 위한 브랜딩은 결국 한계에 부딪힌다. 지역 주민들이 자부심을 갖고 참여할 수 있는 브랜드 전략이 필요하다.

셋째, 경제적 효과가 지역사회에 골고루 분산되어야 한다. 일부 대기업이나 특정 계층만 혜택을 보는 구조는 지속가능하지 않다. 중소기업, 문화예술인, 시민사회가 함께 성장할 수 있는 생태계를 만들어야 한다.

디자인이 만든 도시의 미래

자본과 문화가 함께 만든 도시브랜드의 경제 미학은 21세기 도시 발전의 새로운 모델을 제시한다. 디자인은 단순한 미적 요소가 아니라 경제적 가치 창출의 핵심 동력이다.

성공적인 도시 브랜딩은 경제 인프라가 문화를 창조하고, 그 문화가 다시 경제를 활성화하는 선순환 구조를 만든다. 이 과정에서 디자인은 도시의 정체성을 시각화하고, 시민들의 자부심을 높이며, 외부 투자를 유치하는 강력한 도구로 작용한다.

미래의 도시들은 더욱 치열한 브랜드 경쟁을 벌일 것이다. 이 경쟁에서 승리하는 도시는 자본과 문화가 조화롭게 발전하는 지속가능한 브랜드 전략을 수립한 도시일 것이다. 그리고 그 중심에는 여전히 '디자인'이 있을 것이다.

1-3
| 문화 |

문화라는
정체성의 도시

시민이 직접 만드는 길 위의 무대

도시를 걷다 보면 문득 깨닫게 되는 순간이 있다. 이 거리의 분위기, 사람들의 표정, 들려오는 음악 소리가 모두 하나의 거대한 무대를 이루고 있다는 것을. 그리고 그 무대의 주인공은 바로 그곳을 살아가는 시민들이라는 것을. 이것이 바로 '문화'가 만들어내는 도시의 진짜 모습이다.

문화, 도시의 DNA가 되다

문화는 도시의 정체성을 결정하는 가장 강력한 요소다. 같은 건물, 같은 도로, 같은 시설이라도 그곳에 살아 숨 쉬는 문화에 따라 도시의 성격은 완전히 달라진다. 홍대 거리를 걸으면 젊음과 자유로움이 느껴지고, 인사동을 거닐면 전통과 여유가 전해진다. 이런 차이는 단순히 건물 외관이나 간판 때문만이 아니라, 그 공간에서 일어나는 문화적 활동과 그것을 만들어가는 시민들의 참여 때문이다.

홍대 지역의 변화 과정을 보면 이를 명확히 알 수 있다. 1990년대 후반 홍익대학교 주변은 단순한 대학가에 불과했다. 그러나 미술을 전공하는 학생들이 모여 작은 공연장과 갤러리를 만들기 시작했고, 이들의 자발적인 문화 활동이 점차 확산되면서 '홍대 문화'라는 독특한 정체성이 형성되었다. 라이브클럽에서 울려퍼지는 인디음악, 골목길 곳곳의 작은 전시공간들, 자정이 넘어서도 계속되는 길거리 공연들 - 이 모든 것이 시민들의 자발적 참여로 만들어진 문화였다.

시민이 무대를 만들고, 무대가 시민을 만든다

문화도시의 핵심은 시민 참여에 있다. 의정부시의 사례가 이를 잘 보여준다. 의정부시는 '시민이 주도하는 문화도시'를 표방하며 창작과 참여, 기록과 학습이 어우러지는 다양한 프로그램을 운영하고 있다. 특히 '이음'이라는 문화공간은 '일상이 여행이 돼 문화가 되는 공간'을 지향하며, 시민들이 직접 참여하여 문화 콘텐츠를 만들고 공유하는 플랫폼 역할을 하고 있다.

부천시의 '시민 기획 프로젝트'도 주목할 만하다. 시민들이 직접 기획하고 운영하는 14개의 환영 프로그램을 통해 미래세대, 사회적 배려, 먹고사니즘 등 다양한 주제로 문화 활동을 전개하고 있다. 이는 단순히 문화를 소비하는 것이 아니라, 시민들이 문화의 생산자가 되어 도시의 정체성을 직접 만들어가는 과정이다.

서울거리예술축제는 더욱 극적인 사례다. 매년 10월 서울 도심 곳곳에서 펼쳐지는 이 축제에는 시민 3천 명이 공연의 주체로 참여한다. 전문 예술가들의 공연을 관람하는 것에서 그치지 않고, 시민들이 직접 거리 무용, 거리극, 서커스 등에 참여하며 도시 전체를 하나의 거대한 무대로 만들어낸다.

문화가 키우는 시민 의식

문화 참여는 시민들에게 단순한 여가 활동을 넘어서는 교육적 가치를 제공한다. 강원도 강릉, 춘천, 원주 등의 문화도시 사업과 연계된 문화예술교육 프로그램들은 이를 잘 보여준다. 이들 도시에서는 문화예술교육이 단순한 기술 습득이 아니라, 지역의 정체성을 이해하고 공동체 의식을 함양하는 과정으로 운영되고 있다.

특히 주목할 점은 '새로운 시민 주체와 예술가의 발견과 성장'이다. 문화 활동에 참여하는 과정에서 시민들은 자신도 몰랐던 창조적 능력을 발견하고, 이를 통해 지역사회에 기여하는 주체로 성장한다. 또한 지역 내 문화예술교육 자원들이 서로 연결되면서 시민 거버넌스가 구축되는 경험을 하게 된다.

이는 문화예술교육이 개인의 역량 개발을 넘어서 지역사회의 사회적 자본을 축적하는 과정임을 의미한다. 시민들은 문화 활동을 통해 소통 능력을 기르고, 다양성을 인정하며, 협업하는 방법을 배운다. 이런 능력들은 단순히 문화 영역에만 국한되지 않고 지역사회 전반의 민주적 의사결정과 공동체 형성에 기여한다.

문화가 만드는 경제 생태계

문화 중심의 도시 정체성 형성은 경제적으로도 큰 파급효과를 가져온다. 홍대 지역의 경우, 작은 인디음악 공연장들에서 시작된 문화가 이제는 연간 수백억 원의 경제적 가치를 창출하는 문화관광 벨트로 성장했다. 라이브클럽, 아트샵, 독립서점, 카페 등이 하나의 문화 생태계를 이루며 지역 경제를 활성화시키고 있다.

더욱 중요한 것은 이런 문화 산업이 대기업 중심의 하향식 개발이 아니라, 시민들의 자발적 참여를 통해 형성된 상향식 경제 모델이라는 점이다. 작은 공연장을 운영하는 사장, 골목길 갤러리를 여는 예술가, 수제 액세서리를 만드는 디자이너들이 모두 이 생태계의 주체가 되어 경제적 가치를 창출하고 있다.

부산거리예술축제(BUSSA)의 '칠팔 버스킹'도 비슷한 맥락이다. 매주 새로운 장소에서 펼쳐지는 거리 공연들이 관광객을 유치하고, 지역 상권을 활성화시키며, 예술가들에게는 수익 창출의 기회를 제공한다. 이는 문화가 단순한 소비 대상이 아니라 지역 경제의 핵심 동력이 될 수 있음을 보여준다.

문화가 그려내는 도시 풍경

문화 활동은 도시의 물리적 공간에도 변화를 가져온다. 시민들이 자발적으로 참여하는 문화 활동들은 기존의 획일적인 도시 디자인을 다채롭고 생동감 있는 공간으로 변모시킨다.

홍대 거리의 벽화와 그래피티, 대학로의 소극장 간판들, 인사동의 전통 서예 간판들은 모두 그 지역의 문화적 정체성을 시각적으로 표현하는 디자인 요소들이다. 이런 디자인들은 전문 디자이너가 일괄적으로 계획한 것이 아니라, 그 공간을 이용하는 시민들과 상인들, 예술가들이 오랜 시간에 걸쳐 만들어낸 집합적 창작물이다.

'차 없는 문화의 거리' 같은 프로젝트들은 이런 문화적 디자인의 가능성을 더욱 확장시킨다. 주말마다 차량 통행을 제한하고 거리를

시민들의 문화 활동 공간으로 개방하는 이런 시도들은 도시 공간의 활용 방식을 근본적으로 바꾸어놓는다. 아스팔트 위에서 춤을 추고, 가로등 아래서 시를 낭송하며, 벤치에 앉아 기타를 치는 시민들의 모습이 도시 전체를 하나의 살아있는 갤러리로 만들어낸다.

디지털 시대의 문화 참여

4차 산업혁명 시대를 맞아 시민 참여형 문화 활동도 새로운 양상을 보이고 있다. 디지털 기술과 소셜미디어의 발달로 시민들의 문화 참여 방식이 더욱 다양해지고 있다.

스마트폰과 소셜미디어를 활용한 시민 참여형 문화 콘텐츠 제작이 활발해지고 있다. 시민들이 직접 영상을 촬영하고 편집하여 지역의 문화적 매력을 알리는 콘텐츠를 만들거나, 온라인 플랫폼을 통해 문화 이벤트를 기획하고 참여자를 모으는 경우가 늘고 있다.

또한 VR, AR 등 신기술을 활용한 문화 체험 프로그램들도 등장하고 있다. 시민들이 직접 가상현실 콘텐츠를 제작하거나, 증강현실을 활용한 거리 예술 프로젝트에 참여하는 등 기술과 문화가 결합된 새로운 형태의 시민 참여가 나타나고 있다.

하지만 이런 기술적 진보에도 불구하고 문화 참여의 본질은 변하지 않는다. 그것은 시민들이 수동적인 소비자가 아니라 능동적인 창조자로서 도시의 문화를 만들어가는 것이다.

지속가능한 문화 도시의 조건

진정한 문화 도시가 되기 위한 핵심 조건은 지속가능성이다. 일회성 이벤트나 단기적 프로젝트로는 도시의 문화적 정체성을 구축할 수 없다. 시민들의 지속적인 참여와 그들의 문화 활동을 지원하는 시스템이 필요하다.

첫째, 시민 문화 활동을 위한 물리적 공간이 확보되어야 한다. 대형 문화시설뿐만 아니라 소규모 창작 공간, 연습실, 전시공간 등이 시민들이 접근하기 쉬운 곳에 마련되어야 한다.

둘째, 시민들의 문화 역량을 기를 수 있는 교육 프로그램이 체계적으로 운영되어야 한다. 단순한 기술 습득이 아니라, 창조적 사고와 협업 능력, 지역에 대한 이해를 기를 수 있는 통합적 교육이 필요하다.

셋째, 시민 문화 활동의 경제적 지속가능성을 보장하는 시스템이 필요하다. 문화 활동이 취미로만 그치지 않고 경제적 가치를 창출할 수 있는 구조를 만들어야 한다.

문화가 만드는 도시의 미래

문화는 도시의 정체성을 결정하는 가장 강력한 요소다. 그리고 그 문화는 시민들이 직접 만들어가는 것이다. 길 위의 무대에서 펼쳐지는 시민들의 자발적 문화 활동이 모여 도시 전체의 성격을 결정하고, 그 도시만의 고유한 매력을 만들어낸다.

앞으로 도시들은 더욱 치열한 경쟁을 벌일 것이다. 이 경쟁에서 승리하는 도시는 시민들이 능동적으로 참여하여 만들어가는 살아있는 문화를 가진 도시일 것이다. 왜냐하면 진정한 문화는 위에서 아래로 주입되는 것이 아니라, 시민들의 일상 속에서 자연스럽게 피어나는 것이기 때문이다.

1-4
| ESG |

느리지만 멀리 가는 지속 성장 도시

자원 순환경제와 탄소 중립 디자인이 바꾸는 도시 문화

빠르게 변하는 시대에 '느리다'는 것은 종종 뒤처진다는 의미로 받아들여진다. 하지만 도시 발전에 있어서는 오히려 '느리지만 멀리 가는' 접근법이 진정한 지속가능성을 담보해 주기도 한다. ESG(Environment, Social, Governance)라는 새로운 패러다임이 도시 계획의 중심에 자리 잡으면서, 우리는 도시의 미학과 문화에 대한 정의를 다시금 새롭게 하고 있다.

ESG, 도시의 새로운 DNA가 되다

ESG는 이제 기업의 전유물이 아니다. 이는 도시 계획과 공공디자인의 새로운 철학이 되었다. 환경(Environment), 사회(Social), 지배 구조(Governance)의 세 축이 조화를 이루며 도시의 지속가능성을 보장하는 근본적인 설계 원칙으로 자리 잡고 있다.

코펜하겐이 그 대표적인 사례다. 2025년까지 세계 최초의 탄소중립 도시가 되겠다는 목표 아래, 불과 20년 만에 생태 대도시로 탈바꿈한 코펜하겐은 ESG 도시 계획의 교과서적 모델이 되었다. 이 도시가 보여주는 것은 단순히 환경 친화적인 기술의 도입이 아니라, 도시 전체의 문화적 패러다임의 전환이다.

코펜하겐은 도로 50% 이상이 자전거 도로로 설계되어 있고, 시민들의 60% 이상이 자전거를 이용하는 것으로 유명하다. 이는 단순한 교통 정책이 아니라 '느린 이동성'이라는 새로운 도시 문화의 창조다.

자전거를 타고 천천히 도시를 누비는 시민들은 자연스럽게 에너지를 절약하고, 공동체와 소통하며, 건강한 라이프스타일을 만들어간다.

자원 순환 경제가 만드는 도시 미학

순환 경제는 기존의 '자원 채취-생산-소비-폐기'라는 직선적 경제 구조를 '자원 순환-재사용-재생산-재활용'이라는 원형 구조로 바꾸는 경제 모델이다. 이는 도시의 물리적 환경뿐만 아니라 시민들의 사고방식과 생활 문화까지 근본적으로 변화시킨다.

덴마크의 노르하운(Nordhavn) 지역 개발 프로젝트는 이런 순환 경제의 원칙을 도시 디자인에 적용한 혁신적 사례다. 이 지역은 기존 산업 지역을 재생하면서도 모든 건설 자재의 재사용을 극대화하고, 에너지 효율을 최고 수준으로 끌어올렸다. 특히 주목할 점은 건축물의 해체 과정까지 미리 계획하여 미래에 다시 활용할 수 있도록 설계했다는 것이다.

이런 접근법은 도시의 미학적 가치를 새롭게 정의한다. 기존의 '새롭고 화려한' 것에서 '오래되었지만 가치 있는' 것으로, '일회성 소비'에서 '지속적 순환'으로 미적 기준이 바뀌고 있다. 재활용 소재로 만든 벤치, 빗물을 재활용하는 분수대, 태양광 패널이 일체화된 버스 정류장 등이 단순한 기능적 시설을 넘어 새로운 도시 미학의 상징이 되고 있다.

탄소 중립 디자인이 창조하는 도시 문화

탄소 중립은 단순히 탄소 배출량을 줄이는 것이 아니라, 도시민들의 삶의 방식 자체를 바꾸는 문화적 혁명이다. 이는 도시 디자인의 모든 영역에 스며들어 새로운 도시 문화를 창조하고 있다.

코펜하겐의 '코펜힐(Copenhill)'은 이런 탄소 중립 디자인의 걸작이다. 폐기물 에너지 발전소 위에 스키장과 하이킹 코스를 조성한 이 건축물은 기능적 효율성과 시민들의 여가 활동을 완벽하게 결합했다. 시민들은 이곳에서 스키를 타고 암벽 등반을 하면서 동시에 친환경 에너지 생산 과정을 체험한다. 이는 환경 보호가 희생이 아니라 즐거움이 될 수 있다는 새로운 문화적 메시지를 전달한다.

미들그룬덴 풍력 터빈 협동조합도 주목할 만하다. 시민들이 직접 투자하고 운영하는 이 풍력 발전소는 에너지 생산의 수익을 지역사회와 공유한다. 이는 단순한 에너지 정책을 넘어서 시민들이 환경 보호와 경제적 이익을 동시에 추구할 수 있는 새로운 사회 모델을 제시한다.

ESG가 키우는 시민 의식

ESG 도시 계획의 가장 중요한 교육적 효과는 시민들의 의식 변화다. 지속 가능한 도시에서 사는 시민들은 자연스럽게 환경 보호, 사회적 책임, 투명한 거버넌스에 대한 감수성을 기르게 된다.

서울시의 '지속가능한 문화예술도시' 프로젝트는 이런 교육적 가치를 잘 보여준다. 문화예술 분야에서 ESG 가치를 확산시키고, 친환경 예술 창작을 지원하며, 문화 공간의 에너지 효율을 개선하는 이 프로젝트는 시민들에게 일상 속에서 지속가능성을 체험할 수 있는 기회를 제공한다.

특히 재활용 소재를 활용한 예술 작품 제작, 탄소 발자국을 줄이는 공연 기획, 에너지 효율이 높은 전시 공간 운영 등은 시민들에게 창조적 활동과 환경 보호가 결합될 수 있음을 보여준다. 이는 단순한 환경 교육을 넘어서 삶의 전반에 걸쳐 지속가능성을 추구하는 라이프스타일을 체득하게 한다.

녹색 성장의 새로운 모델

ESG 도시 계획은 새로운 산업 생태계를 만들어내고 있다. 순환경제와 탄소 중립을 추구하는 과정에서 혁신적인 기술과 비즈니스 모델이 속속 등장하고 있다.

재활용 인프라 구축, 친환경 소재 개발, 에너지 효율 기술, 스마트 그리드 시스템 등은 모두 ESG 도시 계획에서 파생된 새로운 산업 분야들이다. 이는 기존의 대량 생산-대량 소비 경제 모델에서 벗어나 지속가능한 성장을 추구하는 녹색 경제로의 전환을 의미한다.

코펜하겐의 경우, 탄소 중립 도시 프로젝트를 통해 청정 기술 산업이 급속히 성장했다. 풍력 발전 기술, 에너지 효율 시스템, 친환경 건축 기술 등에서 세계적인 경쟁력을 갖추게 되었고, 이는 다시 도시의 경제적 활력을 높이는 선순환 구조를 만들었다.

지속가능성의 미학

ESG 도시 계획은 디자인 분야에도 새로운 미학적 기준을 제시한다. 기존의 '화려하고 새로운' 것에서 '지속가능하고 의미 있는' 것으로 디자인의 가치 기준이 변화하고 있다.

서울디자인어워드가 2019년부터 '지속가능 디자인 어워드'로 변모한 것도 이런 시대적 흐름을 반영한다. 이 어워드는 디자인의 심미성

뿐만 아니라 환경적 지속가능성, 사회적 가치, 경제적 효율성을 종합적으로 평가한다.

지속가능한 디자인의 핵심 요소로는 친환경성, 재활용성, 분리/배출성, 신소재성, 혁신성, 조립성, 심미성 등이 꼽힌다. 이는 디자인이 단순한 장식이 아니라 지구환경과 인간 사회의 지속가능성에 기여하는 종합적 해결책이어야 함을 의미한다.

스마트한 지속가능성

4차 산업혁명 시대를 맞아 ESG 도시 계획도 더욱 스마트해지고 있다. 인공지능, 빅데이터, IoT 등 첨단 기술을 활용해 도시의 자원 사용을 최적화하고, 시민들의 참여를 유도하는 새로운 방식들이 등장하고 있다.

인공지능을 활용한 폐기물 관리 시스템, 빅데이터 기반의 에너지 효율 최적화, IoT 센서를 활용한 대기질 모니터링 등은 모두 기술과 지속가능성이 결합된 미래 도시의 모습을 보여준다.

특히 주목할 점은 이런 기술들이 시민들의 일상 생활에 자연스럽게 스며들어 지속가능한 행동을 유도한다는 것이다. 스마트폰 앱을 통해 탄소 발자국을 측정하고, 친환경 행동에 대한 보상을 받으며, 지역 사회의 환경 개선 활동에 참여하는 것이 일상이 되고 있다.

느린 혁명이 만드는 지속 성장

ESG 도시 계획이 가져오는 변화는 '느린 혁명'이다. 하루아침에 도시 전체를 바꾸는 것이 아니라, 시민들의 의식과 생활 방식을 점진적으로 변화시키며 지속가능한 도시 문화를 만들어간다.

이런 변화는 겉으로는 느려 보일 수 있지만, 그 영향은 깊고 오래간다. 환경을 보호하고, 사회적 형평성을 추구하며, 투명한 거버넌스를 실현하는 ESG의 가치들이 도시 문화의 DNA로 자리 잡으면, 그 도시는 진정으로 지속가능한 성장을 이룰 수 있다.

자원 순환경제와 탄소 중립 디자인이 바꾸는 도시 문화는 단순한 환경 정책을 넘어서 새로운 문명의 패러다임을 제시한다. 빠르게 소비하고 버리는 문화에서 천천히 순환하고 재생하는 문화로, 개인의 이익만을 추구하는 사회에서 공동체의 지속가능성을 함께 고민하는 사회로의 전환이다.

도시는 다 계획이 있다. 그리고 이제 그 계획의 중심에는 ESG라는 새로운 나침반이 있다. 느리지만 멀리 가는 지속 성장 도시의 미래가 바로 여기에 있다.

1-5
| 산업 |

도시 재생이 만들어낸 어반 갤러리

문화-산업 하이브리드 경제 생태계

도시를 바라보는 시선이 달라지고 있다. 과거에는 굴뚝 연기가 피어오르는 공장지대를 '발전'의 상징으로 여겼다면, 이제는 그 굴뚝들이 새로운 문화적 가치를 담아내는 '어반 갤러리'로 변모하고 있다. 산업이 떠난 자리에 문화가 들어서면서, 도시는 전혀 다른 모습으로 재탄생하고 있다. 이것이 바로 21세기 도시 재생의 새로운 패러다임이다.

산업, 문화와 만나 새로운 가치를 창조하다

산업시설이 단순히 철거되고 새로운 건물로 대체되는 것이 아니라, 그 공간이 가진 고유한 특성과 역사를 살려 문화공간으로 재탄생하는 사례들이 전 세계적으로 늘어나고 있다. 이는 단순한 공간 활용을 넘어서 산업과 문화가 융합하여 새로운 경제 생태계를 만들어내는 혁신적 접근법이다.

런던의 테이트 모던(Tate Modern)이 그 대표적인 사례다. 1981년까지 템스 강변에서 전력을 생산하던 뱅크사이드 발전소는 2000년 현대미술관으로 재탄생했다. 거대한 터빈홀의 웅장한 공간감과 산업시설의 독특한 건축적 특성이 현대 미술과 만나면서 전 세계에서 유례를 찾기 어려운 문화공간이 되었다. 연간 600만 명이 넘는 방문객이 찾는 이곳은 단순한 미술관을 넘어 런던의 새로운 문화 중심지로 자리 잡았다.

국내에서도 비슷한 변화가 일어나고 있다. 청주의 연초제조창이 국립현대미술관 청주관으로 변모한 것이 대표적이다. 14년간 폐산업시설로 방치되었던 담배공장이 국내 최초의 수장형 미술관으로 재탄생하면서, 청주시는 새로운 문화적 정체성을 확립했다. 이는 단순한 건물 재활용을 넘어서 산업 유산이 문화적 가치로 전환되는 과정을 보여주는 상징적 사례다.

하이브리드 경제 생태계의 탄생
산업과 문화가 만나면서 탄생하는 하이브리드 경제 생태계는 기존의 경제 논리를 뛰어넘는 새로운 가치를 창출한다. 이는 단순히 문화가 산업을 대체하는 것이 아니라, 두 영역이 상호 보완하며 시너지를 만들어내는 혁신적 모델이다.

　독일 루르지역의 변화가 이를 극명하게 보여준다. 19세기부터 독일 산업화의 중심지였던 루르지역은 1970년대 이후 석탄과 철강 산업의 쇠퇴로 심각한 경제적 위기에 직면했다. 하지만 이 지역은 산업 유산을 철거하는 대신 문화적 자원으로 재활용하는 혁신적 접근법을 택했다.

　에센의 졸페라인 광산이 대표적 성공 사례다. 폐광된 탄광 시설을 그대로 보존하면서 문화예술 공간으로 재탄생시킨 이곳은 2001년 유네스코 세계문화유산으로 지정되었다. 2010년 유럽문화수도로 선정된 에센과 루르지역은 산업유산을 활용한 문화 관광으로 지역 경제를 재활성화시키는 데 성공했다.

루르지역의 성공 비결은 산업과 문화의 단순한 대체가 아닌 융합에 있었다. 기존 산업 인프라를 활용한 문화 공간 조성, 산업 기술을 응용한 문화 콘텐츠 개발, 산업 종사자들의 문화 산업 전환 등이 유기적으로 연결되면서 새로운 경제 생태계를 만들어냈다.

산업 역사를 통한 문화 학습

산업유산을 활용한 도시 재생의 가장 큰 교육적 가치는 시민들이 도시의 산업 역사와 문화적 전환 과정을 직접 체험할 수 있다는 점이다. 이는 단순한 역사 학습을 넘어서 산업과 문화, 과거와 현재, 지역과 글로벌이 어떻게 연결되는지 통합적으로 이해할 수 있는 기회를 제공한다.

테이트 모던의 터빈홀에서 현대미술 작품을 감상하는 시민들은 단순히 예술을 향유하는 것이 아니라, 산업시대의 웅장한 공간감과 현대 문화의 창조적 에너지가 만나는 독특한 경험을 한다. 이는 산업 발전의 역사와 문화적 전환의 의미를 몸소 체험하는 살아있는 교육이다.

국립현대미술관 청주관의 경우, 담배 제조 공정을 보여주는 산업유산 전시와 현대미술 컬렉션이 함께 전시되면서 방문객들은 산업화 시대의 노동 문화와 현대 예술의 창조적 가치를 동시에 학습할 수 있다. 이는 산업 역사에 대한 이해를 바탕으로 문화적 감수성을 기르는 통합적 교육 경험이다.

새로운 창조 산업의 태동

산업유산을 활용한 도시 재생은 새로운 창조 산업의 태동을 가져온다. 이는 기존 제조업 중심의 경제 구조에서 창조성과 혁신을 기반으로 한 지식 기반 경제로의 전환을 의미한다.

루르지역의 경우, 산업유산을 활용한 문화 관광 산업이 급속히 성장하면서 새로운 일자리가 대량 창출되었다. 문화 해설사, 전시 기획자, 문화 콘텐츠 개발자, 창작 예술가 등 다양한 문화 관련 직종이 생겨났고, 이들은 기존 산업 기술과 문화적 창조성을 결합한 새로운 형태의 일을 하고 있다.

한국 정부가 2024년 발표한 '문화를 담은 산업단지 조성계획'도 이런 맥락에서 이해할 수 있다. 구미, 창원, 완주 등 3개 문화선도산업단지에는 산업단지의 주력업종과 역사성을 반영한 통합 브랜드를 구축하고, 문화 콘텐츠와 융합한 새로운 산업 모델을 개발하는 사업이 추진된다. 이는 전통 제조업과 문화 산업이 융합하여 새로운 경제적 가치를 창출하는 혁신적 시도다.

산업 미학의 재발견

산업유산을 활용한 도시 재생에서 가장 흥미로운 점은 산업 시설의 기능적 미학이 새로운 문화적 가치로 재해석된다는 것이다. 과거에는 단순히 효율성만을 추구했던 산업 디자인이 이제는 독특한 공간 경험을 제공하는 문화적 자산으로 평가받고 있는 것이다.

　테이트 모던의 거대한 터빈홀의 경우 발전소 시절의 기능적 필요에 의해 만들어진 공간이었지만, 미술관으로 전환되면서 현대미술 작품들에게 독특한 전시 환경을 제공하게 되었다. 높은 천장과 넓은 공간, 산업시설 특유의 구조적 요소들이 예술 작품과 만나면서 전혀 새로운 미적 경험을 만들어낸다.

　이는 '산업 미학'이라는 새로운 디자인 트렌드의 등장으로 이어지고 있다. 노출된 철골 구조, 거친 콘크리트 벽면, 큰 창문과 높은 천장 등 산업시설의 특징적 요소들이 현대 공간 디자인에서 적극적으로 활용되고 있다. 이는 단순한 복고 트렌드가 아니라 산업 시대의 기능적 아름다움을 현대적으로 재해석하는 창조적 과정이다.

스마트 산업과 문화의 융합

4차 산업혁명 시대를 맞아 산업과 문화의 융합은 더욱 정교하고 혁신적인 형태로 발전하고 있다. 스마트 팩토리, 로봇 공학, 인공지능 등 첨단 기술이 문화 콘텐츠 제작과 결합하면서 새로운 형태의 문화-산업 하이브리드 모델이 등장하고 있다.

독일 루르지역에서는 기존 산업 인프라에 IoT 기술을 접목하여 스마트 문화 공간을 조성하는 프로젝트가 진행되고 있다. 방문객들은 스마트폰 앱을 통해 산업유산의 역사를 AR로 체험하고, 인공지능이 개인 맞춤형 문화 콘텐츠를 추천받을 수 있다. 이는 산업 기술과 문화 기술이 융합하여 새로운 형태의 문화 경험을 만들어내는 혁신적 시도다.

한국의 문화선도산업단지 사업도 이런 방향으로 발전할 것으로 예상된다. 전통 제조업 기술과 문화 콘텐츠 기술이 융합하여 새로운 형태의 문화 상품을 개발하고, 이를 통해 산업단지가 단순한 생산 공간을 넘어서 창조적 문화 공간으로 전환될 것이다.

순환형 도시 모델의 구현

산업유산을 활용한 도시 재생은 지속가능한 발전의 관점에서도 중요한 의미를 갖는다. 기존 산업 시설을 철거하고 새로운 건물을 짓는 대신, 기존 구조물을 재활용하여 문화 공간으로 전환하는 것은 자원의 효율적 활용과 환경 보호를 동시에 달성하는 순환형 도시 모델이다.

이는 단순한 자원 절약을 넘어서 도시의 역사적 정체성을 보존하면서도 새로운 기능을 부여하는 창조적 재활용이다. 산업 시대의 기억을 간직한 공간에서 현대 문화가 꽃피우는 것은 과거와 현재, 산업과 문화가 지속가능하게 공존하는 미래 도시의 모습을 보여준다.

산업이 만든 새로운 문화의 시대

산업과 문화가 만나 만들어낸 어반 갤러리는 21세기 도시 발전의 새로운 모델을 제시한다. 이는 단순히 산업이 문화로 대체되는 것이 아니라, 두 영역이 융합하여 새로운 가치를 창출하는 혁신적 과정이다.

문화-산업 하이브리드 경제 생태계는 기존의 경제 패러다임을 뛰어넘는 새로운 가능성을 보여준다. 산업의 효율성과 문화의 창조성이 만나 새로운 형태의 경제적 가치를 창출하고, 이는 지역 경제 활성화와 시민들의 삶의 질 향상을 동시에 달성하는 지속가능한 발전 모델이다.

도시는 다 계획이 있다. 그리고 그 계획의 중심에는 이제 산업과 문화가 함께 있다. 굴뚝에서 피어오르던 연기가 사라진 자리에 새로운 문화의 꽃이 피어나고, 기계 소리가 울려 퍼지던 공간에서 예술의 선율이 흘러나온다. 이것이 바로 산업이 만든 새로운 문화의 시대, 어반 갤러리가 된 도시의 모습이다.

1-6
| 재생 |

낡음이 직접 써내려간 도시재생의 미학

도시의 과거와 현재가 직접 만든 재생의 미학

골목길을 걸으며 문득 이런 생각이 든다. 벽면의 균열과 바랜 페인트, 시간에 마모된 계단들에는 어떤 스토리가 숨겨져 있을까? 최근 우리 사회의 화두가 된 '도시재생'을 마주할 때마다, 단순히 낡은 것을 새 것으로 바꾸는 것이 아닌, 시간이 쌓아 올린 도시의 기억을 어떻게 보존하고 발전시킬 것인가에 대한 근본적 질문을 던지게 된다.

시간의 지층에서 피어나는 미학

도시재생의 진정한 미학은 '재생(再生)'이라는 단어 자체에 함축되어 있다. 다시 살아난다는 것은 죽었던 것이 되살아나는 것이 아니라, 잠들어 있던 생명력이 새로운 형태로 깨어나는 것이다. 독일 철학자

발터 벤야민이 파리의 아케이드를 거닐며 도시의 기억을 읽어내려 했듯이, 우리 도시 곳곳에는 시간의 지층이 켜켜이 쌓여 있다.

성수동의 변화가 대표적이다. 한때 구두 제조업의 중심지였던 이곳이 지금은 젊은 창업가들과 예술가들이 모여드는 문화 허브로 탈바꿈했다. 하지만 이 변화의 핵심은 과거를 지우고 새로운 것을 덧입힌 것이 아니다. 낡은 공장 건물의 거친 콘크리트 벽면과 철골 구조를 그대로 살리면서, 그 안에 카페와 갤러리를 조성한 것이다. 대림창고나 성수연방 같은 공간들이 SNS에서 화제가 되는 이유도 바로 이 '시간의 대비'에서 오는 독특한 미학적 경험 때문이다.

살아있는 교육 현장으로서의 도시

도시재생은 그 자체로 하나의 거대한 교육 현장이다. 과거와 현재가 공존하는 공간에서 시민들은 자연스럽게 역사를 체험하고, 문화의 변화를 목격한다. 이는 박물관이나 교실에서 배우는 지식과는 차원이 다른, 살아있는 교육이다.

청계천 복원 사업을 보자. 1950년대 복개되었던 청계천이 2005년 다시 모습을 드러낸 것은 단순한 도시 환경 개선이 아니었다. 이 과정에서 시민들은 도시의 생태계와 역사, 그리고 인간과 자연의 관계에 대해 다시 생각해보게 되었다. 복원된 청계천을 걸으며 사람들은 도시가 어떻게 변화해왔는지, 그리고 미래에는 어떤 모습이어야 하는지를 자연스럽게 학습하게 된다.

새로운 산업 생태계의 구축

도시재생이 단순히 문화적, 미학적 차원에서만 논의되어서는 안 된다. 이것은 새로운 산업 생태계를 구축하는 경제적 행위이기도 하다. 하지만 여기서 중요한 것은 기존 산업을 완전히 대체하는 것이 아니라, 새로운 가치를 창출하는 방식으로 변화시키는 것이다.

성수동의 성공 사례를 다시 보면, 기존의 제조업 인프라를 완전히 철거하지 않고 창업 생태계와 결합시킨 것이 핵심이다. 낡은 공장 건물들은 스타트업들에게 저렴한 임대료로 사무공간을 제공하고, 동시에 독특한 브랜드 이미지를 구축할 수 있는 무형의 자산이 되었다. 이처럼 도시재생은 물리적 공간의 변화를 넘어서, 새로운 비즈니스 모델과 경제 구조를 만들어내는 산업적 혁신이다.

드러내기의 디자인 철학

도시재생에서 디자인은 단순히 외관을 아름답게 만드는 것이 아니다. 이는 공간의 정체성과 사용자의 경험, 그리고 시간의 흐름을 종합적으로 고려하는 총체적 사고의 결과물이다.

진정한 도시재생 디자인은 '덧붙이기'가 아닌 '드러내기'의 철학을 따른다. 건물의 원래 구조와 재료가 가진 고유한 텍스처를 살리면서, 현대적 기능을 자연스럽게 결합시키는 것이다. 을지로의 오래된 공구상가 건물들이 갤러리나 카페로 변신할 때, 그 매력은 새로운 인테리어에서 나오는 것이 아니라 낡은 타일과 철제 계단이 만들어내는 시간의 질감에서 나온다.

이러한 디자인 접근법은 단순히 미적 선택이 아니라, 지속가능성에 대한 철학적 입장이다. 기존 자원을 최대한 활용하면서도 새로운 가치를 창출하는 것, 이것이 바로 21세기 도시재생 디자인의 핵심이다.

기술과 인문학이 만나는 미래

미래의 도시재생은 기술과 인문학이 만나는 지점에서 새로운 가능성을 찾아야 한다. 단순히 IoT나 AI 같은 첨단 기술을 도입하는 것이 아니라, 이러한 기술이 도시의 역사와 문화, 그리고 주민들의 삶과 어떻게 조화를 이룰 수 있는지를 고민해야 한다.

예를 들어, 증강현실(AR) 기술을 활용해 골목길을 걸으면서 그 장소의 과거 모습을 볼 수 있게 하거나, 인공지능이 지역 주민들의 생활 패턴을 분석해 더 나은 공공 서비스를 제공하는 것들이 가능할 것이다. 하지만 이 모든 것의 전제는 기술이 도시의 인간적 가치를 훼손하지 않고 오히려 강화시키는 방향으로 활용되어야 한다는 것이다.

지속가능한 공존의 조건

도시재생의 성공 사례들을 보면서 우리가 놓치지 말아야 할 중요한 문제가 있다. 바로 젠트리피케이션이다. 문화와 예술이 낙후된 지역에 새로운 활력을 불어넣지만, 동시에 임대료 상승과 기존 주민들의 이주를 야기하기도 한다.

이 문제를 해결하기 위해서는 도시재생을 계획할 때부터 원주민과 상인들의 지속 가능한 정착을 위한 구체적인 방안들을 마련해야 한다. 단순히 물리적 환경만 개선하는 것이 아니라, 지역 공동체의 사회적 네트워크와 경제적 기반을 함께 강화하는 통합적 접근이 필요하다.

도시가 스스로 써내려가는 서사

결국 도시재생의 궁극적 목표는 새로운 도시 서사를 만들어내는 것이다. 과거의 이야기를 지우고 새로운 이야기를 덧씌우는 것이 아니라, 과거와 현재, 그리고 미래가 하나의 연속된 서사로 이어지도록 하는 것이다.

이 과정에서 '낡음'은 단순히 제거해야 할 대상이 아니라, 도시의 진정성과 정체성을 보여주는 중요한 자산이 된다. 벽면의 균열과 바랜 페인트, 계단의 마모된 표면들이 모두 도시가 살아온 시간의 증거이자, 앞으로 써내려갈 이야기의 서문이 되는 것이다.

도시재생은 계획자나 디자이너가 일방적으로 만들어내는 것이 아니다. 그것은 도시가 스스로 써내려가는 이야기이며, 시민들이 참여하고 경험하는 과정에서 완성되어 간다. 일종의 집단적 서사이다. 낡음이 직접 써내려간 도시재생의 미학은 바로 이런 관점에서 이해되어야 한다. 시간의 흔적들이 새로운 가능성과 만나 창출해내는 독특한 아름다움, 그리고 그 아름다움이 단순히 시각적 즐거움을 넘어서 교육적, 경제적, 사회적 가치를 동시에 창출해내는 총체적 경험 말이다.

1-7
| 교육 |

도시라는 교과서가 만든 학습의 공간

도시 문화가 구성한 학습의 생태계

아침 출근길에 지하철을 타면 이 도시 전체가 하나의 거대한 교실이 아닐까라는 생각이 들기도 한다. 역사가 새겨진 건물들, 다양한 문화가 공존하는 거리, 첨단 기술이 일상에 스며든 공간들, 모든 것이 우리에게 무언가를 가르치고 있다. 최근 '교육'이라는 개념이 학교라는 울타리를 넘어 도시 전체로 확장되고 있는 현상을 보면서, 나는 도시 그 자체가 가장 생동감 넘치는 학습의 현장이 아닐까 하는 생각을 하게 된다.

살아있는 교육 생태계로서의 도시

도시는 그 자체로 하나의 복합적인 교육 생태계다. 전통적인 학교 교육이 정해진 시간과 공간에서 일방적으로 이루어진다면, 도시 교육은 24시간 언제나, 어디서나, 누구나 참여할 수 있는 개방적이고 상호작용적인 학습의 장이다. 박물관에서 역사를 배우고, 도서관에서 지식을 탐구하며, 문화센터에서 예술을 경험하는 것은 물론, 골목길을 걸으며 동네의 이야기를 듣고, 시장에서 경제의 원리를 체험하는 것까지 모든 것이 교육적 경험이 된다.

서울 성수동의 경우 한때 제조업의 중심지였던 이곳이 지금은 젊은 창업가들과 예술가들이 모여드는 학습과 창조의 허브로 탈바꿈했다. 낡은 공장 건물들이 코워킹 스페이스와 창업 인큐베이터로 변신하면서, 이곳은 단순한 업무 공간을 넘어 지식과 경험을 공유하는 살아있는 교육 현장이 되었다. 사람들은 이곳에서 비즈니스를 배우고, 협업의 문화를 체험하며, 혁신의 방법론을 자연스럽게 습득한다.

문화적 학습 공간의 교육적 혁신

도시 내 문화시설들은 전통적인 교육 방식을 혁신하는 최전선에 있다. 박물관은 더 이상 유물을 진열하는 정적인 공간이 아니라, 관람객이 직접 체험하고 상호작용할 수 있는 동적인 학습 공간으로 진화했다. 국립중앙박물관의 어린이박물관에서는 아이들이 직접 발굴 체험을 하고, 증강현실(AR) 기술을 통해 과거의 모습을 생생하게 체험할 수 있다.

　공공도서관 역시 단순히 책을 빌려주는 공간에서 벗어나 복합문화공간으로 확장되고 있다. 몇몇 시립도서관의 경우를 보면, 전시 공간, 공연장, 메이커스페이스, 토론실 등이 한 건물 안에 어우러져 있다. 이곳에서 시민들은 책을 읽을 뿐만 아니라 강연을 듣고, 워크숍에 참여하며, 다른 시민들과 지식을 나누는 경험을 한다. 이는 개인적 학습을 넘어 공동체적 학습으로 확장되는 새로운 교육 패러다임을 보여준다.

산업과 교육의 융합, 새로운 가치 창출

도시의 교육적 기능은 단순히 지식을 전달하는 것을 넘어 새로운 경제적 가치를 창출하는 산업적 측면을 갖는다. 에듀테크 산업의 발달과 함께 도시 곳곳에서 새로운 형태의 교육 서비스들이 등장하고 있다. 강남의 대치동은 사교육의 메카로 불리지만, 동시에 교육 혁신의 실험장이기도 하다. 인공지능을 활용한 개인 맞춤형 학습, 가상현실을 이용한 체험형 교육, 온라인과 오프라인을 결합한 블렌디드 러닝 등 새로운 교육 방법론들이 이곳에서 시도되고 확산된다.

또한 도시의 교육 산업은 지역 경제 활성화에 직접적인 영향을 미친다. 대학가 주변에 형성되는 교육 서비스 생태계, 문화시설 주변의 체험 교육 프로그램들, 기업들이 운영하는 교육 센터들은 모두 새로운 일자리를 창출하고 지역 경제에 활력을 불어넣는다. 이처럼 도시의 교육적 기능은 단순한 지식 전달을 넘어 경제적 가치 창출과 지역 발전의 동력이 되고 있다.

학습을 위한 공간 디자인의 철학

도시의 교육 공간들은 어떻게 설계되어야 할까? 전통적인 교실의 일방적 구조를 벗어나, 학습자들이 자유롭게 상호작용하고 창의적 사고를 펼칠 수 있는 공간 디자인이 중요해지고 있다. 핀란드의 혁신적인 학교 건축이 전 세계적으로 주목받는 이유도 바로 이 때문이다.

서울시가 추진하는 '꿈을 담은 교실' 프로젝트는 이런 철학을 잘 보여준다. 딱딱한 책상과 의자 대신 다양한 형태의 가구들이 배치되고, 벽면은 학생들의 작품을 전시하고 아이디어를 공유하는 공간으로 활용된다. 교실의 경계를 허물고 복도나 로비까지 학습 공간으로 확장하는 시도들도 이어지고 있다.

이런 디자인 철학은 도시의 공공공간에도 적용되고 있다. 광화문광장이나 청계천 같은 도시 공간들이 단순한 휴식 공간을 넘어 시민들의 학습과 문화 활동을 위한 장소로 활용되는 것도 같은 맥락이다. 도시 전체가 하나의 학습 환경으로 기능하기 위해서는 이런 통합적 공간 디자인이 필수적이다.

미래 도시의 스마트 교육 환경

미래의 도시 교육은 어떤 모습일까? 스마트시티 기술의 발달과 함께 도시 전체가 하나의 지능형 학습 환경으로 진화하고 있다. 사물인터넷(IoT) 센서들이 도시 곳곳에 설치되어 실시간으로 환경 데이터를 수집하고, 이를 교육 콘텐츠로 활용하는 것이 가능해졌다. 예를 들어, 미세먼지 농도 데이터를 실시간으로 확인하며 환경 교육을 하거나, 교통 흐름 데이터를 분석하며 도시 계획을 학습하는 것이다.

인공지능 기술은 개인 맞춤형 학습 경험을 제공한다. 스마트폰 앱을 통해 개인의 학습 이력과 선호도를 분석하고, 그에 맞는 교육 콘텐츠와 학습 경로를 추천하는 시스템이 구축되고 있다. 증강현실(AR)과 가상현실(VR) 기술을 활용하면, 도시의 어느 장소에서든 과거의 모습을 재현하거나 미래의 변화를 시뮬레이션해볼 수 있다.

그린 스마트 미래학교 사업은 이런 미래 교육 환경의 청사진을 제시한다. 40년 이상 된 노후 학교들을 첨단 디지털 교육 환경으로 탈바꿈시키는 이 사업은 단순한 시설 개선을 넘어 교육 패러다임의 근본적 변화를 추구한다. 무선 네트워크 기반의 스마트 교실, 개별 디지털 기기를 활용한 개인 맞춤형 학습, 친환경 건축 기술을 통한 지속 가능한 교육 환경 조성 등이 그 핵심이다.

포용적 교육 도시의 조건

하지만 도시의 교육적 기능이 진정으로 의미를 갖기 위해서는 모든 시민이 동등하게 접근할 수 있어야 한다. 교육 기회의 지역적 편차나 경제적 격차로 인한 교육 불평등이 해소되어야 한다는 뜻이다. 서울의 경우 강남과 강북의 교육 환경 차이, 도심과 외곽의 문화시설 접근성 격차 등은 여전히 우리가 해결해야 할 과제다.

유네스코의 글로벌 학습도시 네트워크(GNLC)에 참여하는 도시들은 이런 문제 해결을 위해 노력하고 있다. 지역 주민들의 학습 공동체 형성을 지원하고, 소외 계층을 위한 교육 프로그램을 운영하며, 평생학습 기회를 확대하는 정책들을 펼치고 있다. 이런 노력들이 결실을 맺을 때 도시는 진정한 의미의 학습 공동체가 될 수 있다.

도시가 써내려가는 교육의 미래

결국 도시라는 교과서가 만든 학습의 공간은 물리적 공간을 넘어 사회적, 문화적, 기술적 요소들이 복합적으로 어우러진 총체적 경험이다. 전통적인 교육 기관들이 도시 문화와 만나 새로운 형태의 학습 경험을 창출하고, 기술의 발달이 개인 맞춤형 교육을 가능하게 하며, 시민들의 능동적 참여가 공동체적 학습 문화를 만들어가는 것이다.

앞으로 우리 도시들이 어떤 교육적 가치를 추구하고, 어떤 학습 환경을 조성해갈지는 우리 모두의 선택에 달려 있다. 도시가 단순히 효율적인 기능만을 추구하는 공간이 아니라, 모든 시민이 평생에 걸쳐 성장하고 발전할 수 있는 거대한 학습 공동체가 되기를 기대한다. 그리고 그 과정에서 도시 자체가 가장 훌륭한 교육자가 되어, 우리 모두에게 삶의 지혜와 미래에 대한 통찰을 가르쳐주기를 바란다.

1-8
| 정치 |

도시 디자인이 만든
공간 민주주의

도시의 조형물과 거버넌스가 만들어낸 일상의 미학

서울시청 앞 광장으로 걸어가보면 문득 이런 생각이 든다. 이 넓은 광장이 단순히 시민들의 휴식을 위한 공간일까? 아니면 무언가 더 깊은 의미를 담고 있는 것일까? 2008년 광우병 파동, 2016년 촛불집회, 그리고 최근까지의 크고 작은 다양한 집회에 이르기까지, 이곳은 시민들의 정치적 의사 표현이 펼쳐지는 무대였다. 도시의 공간과 그 안에 배치된 조형물들이 단순한 미적 장식이 아니라, 우리 사회의 정치적 가치와 민주주의를 구현하는 물리적 토대라는 사실을 새삼 깨닫게 된다.

공간이 정치를 만나는 순간

도시 디자인과 정치의 관계를 이해하기 위해서는 먼저 '공간의 정치성'이라는 개념을 살펴봐야 한다. 독일의 정치철학자 한나 아렌트는 진정한 정치가 이루어지는 곳을 '공공영역(public sphere)'이라고 불렀다. 그녀에게 있어 광장은 단순한 물리적 공간이 아니라, 자유롭고 평등한 시민들이 모여 공동의 문제에 대해 토론하고 결정을 내리는 '정치적 공간'이었다.

광화문광장을 보자. 조선 시대 육조거리였던 이 공간이 2009년 현재의 모습으로 조성된 것은 단순한 도시 미화 사업이 아니었다. 세종대왕과 이순신 동상의 배치, 광장의 규모와 형태, 주변 건물과의 관계 등 모든 것이 정치적 의미를 담고 있다. 특히 청와대를 향해 뻗어나가는 광장의 축선은 시민의 목소리가 권력의 중심으로 전달되는 상징적 통로의 역할을 한다.

2016년 촛불집회 당시 연인원 1700만 명의 시민들이 이곳에 모였다. 그들은 단순히 집회에 참여한 것이 아니라, 공간 자체를 민주주의의 실현 장소로 변화시켰다. 평소에는 관광객들이 사진을 찍고 산책하는 일상적 공간이었던 광장이, 그 순간만큼은 국가의 운명을 결정하는 정치적 공론장으로 탈바꿈한 것이다.

조형물에 담긴 권력의 언어

도시 곳곳에 설치된 조형물들도 마찬가지로 정치적 의미를 내포한다. 공공미술이라는 이름으로 설치되는 이러한 작품들은 중립적인 예술품이 아니라, 특정한 가치관과 이데올로기를 시각화한 권력의 언어다.

서울 용산구에 위치한 전쟁기념관 앞의 조형물들을 보면 이를 명확히 알 수 있다. 거대한 형태의 전투기와 탱크 모형들, 전쟁 영웅들의 동상들은 모두 국가의 군사력과 안보 의식을 강조하는 정치적 메시지를 담고 있다. 반면 같은 서울에서도 홍대 앞 거리의 자유분방한 벽화들이나 성수동의 산업 유산을 활용한 설치 미술들은 창의성과 개방성을 강조하는 다른 종류의 정치적 가치를 표현한다.

문제는 이러한 조형물들의 설치 과정에서 시민들의 의견이 충분히 반영되고 있는가 하는 점이다. 대부분의 공공미술 프로젝트가 행정기관과 전문가 중심으로 기획되고 실행되면서, 정작 그 공간을 일상적으로 사용하는 시민들의 목소리는 소외되는 경우가 많다. 이는 곧 '누구의 미학이 도시를 지배하는가'라는 권력의 문제로 귀결된다.

참여적 거버넌스와 시민의 미학

진정한 의미의 '공간 민주주의'를 실현하기 위해서는 도시 디자인 과정에서 시민 참여가 보장되어야 한다. 최근 들어 각 지방자치단체들이 '참여형 도시계획', '주민 주도형 마을만들기' 같은 정책을 도입하고 있는 것도 이런 맥락에서 이해할 수 있다.

서울시가 2017년부터 추진하고 있는 '시민참여예산제'는 좋은 사례다. 시민들이 직접 공공시설의 설치나 개선 방안을 제안하고, 온라인 투표를 통해 우선순위를 결정하는 방식이다. 이 과정에서 시민들은 단순히 행정 서비스의 수혜자가 아니라, 도시 공간을 직접 설계하는 주체로 참여하게 된다.

성동구 성수동의 '성수연방' 프로젝트는 민간 차원에서 이루어진 성공적인 참여형 공간 만들기 사례다. 기존 공장 건물을 문화 공간으로 전환하는 과정에서 지역 주민들과 상인들, 예술가들이 함께 참여해 공간의 정체성을 만들어갔다. 이곳의 디자인과 운영 방식은 관 주도의 일방적 계획이 아니라, 다양한 이해관계자들의 협의와 타협을 통해 형성된 결과물이다.

교육적 공간으로서의 도시

도시의 정치적 공간들은 그 자체로 시민교육의 장이기도 하다. 광장에서 이루어지는 집회나 시위는 단순한 의사표현을 넘어서, 시민들이 민주주의를 직접 체험하고 학습하는 과정이다. 특히 젊은 세대들에게는 교실에서 배우는 추상적인 민주주의 개념을 현실에서 구현해보는 살아있는 교육의 기회가 된다.

2019년 조국 사태 당시 서초동 법원 앞에서 벌어진 집회들을 보면, 참여자들이 단순히 구호를 외치는 것을 넘어서 사법부의 역할과 권력 분립의 원리, 법치주의의 의미 등에 대해 깊이 있게 토론하는 모습을 볼 수 있었다. 도시의 공공공간이 정치교육의 현장으로 기능한 것이다.

이런 측면에서 도시 디자인은 시민들의 정치적 참여를 촉진하는 방향으로 설계되어야 한다. 단순히 아름답기만 한 공간이 아니라, 사람들이 자연스럽게 모이고 소통할 수 있는 공간, 다양한 의견이 자유롭게 교환될 수 있는 열린 구조의 공간이 필요하다.

산업으로서의 정치적 디자인

도시의 정치적 공간들이 갖는 경제적 파급효과도 무시할 수 없다. 광화문광장이나 여의도 한강공원 같은 상징적 공간들은 관광 자원으로서의 가치를 가질 뿐만 아니라, 주변 상권 활성화에도 직접적인 영향을 미친다.

더 중요한 것은 '정치적 디자인' 자체가 하나의 새로운 산업 분야로 부상하고 있다는 점이다. 시민 참여형 도시계획을 전문으로 하는 컨설팅 회사들, 공공미술 프로젝트를 기획하고 실행하는 문화 기업들, 정치적 메시지를 담은 디자인 제품을 만드는 스타트업들이 등장하고 있다.

특히 디지털 기술의 발달과 함께 온라인 플랫폼을 통한 시민 참여가 활성화되면서, 관련 기술 서비스들도 새로운 시장을 형성하고 있다. 시민 의견 수렴을 위한 앱 개발, 가상현실을 활용한 도시계획 시뮬레이션, 블록체인 기반의 투명한 의사결정 시스템 등이 그 예다.

미래 도시의 디지털 민주주의

앞으로의 도시는 어떤 모습일까? 스마트시티 기술의 발달과 함께 도시 공간에서의 정치적 참여 방식도 근본적으로 변화할 것으로 예상된다. 증강현실(AR) 기술을 활용해 특정 장소에서 과거에 일어난 정치적 사건들을 재현해 보거나, 인공지능을 통해 시민들의 다양한 의견을 실시간으로 분석하고 정책에 반영하는 시스템들이 도입될 수 있다.

하지만 기술 발전이 곧 민주주의의 진전을 의미하는 것은 아니다. 오히려 디지털 격차로 인한 새로운 형태의 정치적 불평등이 나타날 수 있고, 알고리즘에 의한 의견 조작이나 가짜 뉴스의 확산 같은 문제들도 우려된다. 따라서 미래의 도시 디자인은 기술적 혁신과 함께 인간적 가치, 즉 자유와 평등, 참여와 소통이라는 민주주의의 기본 원칙을 어떻게 구현할 것인가를 고민해야 한다.

일상 속 미학의 정치학

결국 도시 디자인이 만든 공간 민주주의는 거창한 정치 이론이 아니라, 우리 일상 속에서 경험하는 미학의 문제다. 출근길에 마주치는 지하철 역사의 디자인, 점심시간에 잠시 앉아 쉬는 공원의 벤치, 퇴근 후 산책하는 거리의 가로등과 조형물들이 모두 우리의 정치적 감성을 형성하는 요소들이다.

이런 일상적 공간들이 권위적이고 획일적으로 설계되느냐, 아니면 다양하고 개방적으로 조성되느냐에 따라 시민들의 정치적 의식도 달라진다. 억압적인 공간에서는 순응적인 시민이, 자유로운 공간에서는 비판적이고 창의적인 시민이 자라나는 법이다.

앞으로 우리 도시들이 어떤 정치적 가치를 추구하고, 어떤 미학적 지향을 보여줄지는 결국 우리 모두의 선택에 달려 있다. 도시 디자인이 소수 전문가들의 전유물이 아니라, 모든 시민이 참여할 수 있는 민주적 과정이 되기를 기대한다. 그리고 그 과정에서 만들어지는 도시의 모습이 우리 사회가 추구하는 민주주의의 가치를 제대로 반영하기를 바란다.

1-9
| 휴식 |

숨 쉬는 휴식의 도시

호흡이 느린 도시의 방식과 공간에 대한 해석

대도시의 시스템 속에서 진정한 휴식은 어떤 의미를 가질까? 끊임없이 움직이는 사람들, 멈추지 않는 자동차들, 24시간 불을 밝히는 네온사인들. 모든 것이 빠르고 효율적이지만, 어디선가 우리는 숨을 깊게 들이쉴 수 있는 공간과 시간을 잃어버린 것 같다. 그렇다면 진정 '숨쉬는 휴식의 도시'는 어떤 모습이어야 할까?

느림의 미학, 도시에 스며들다

휴식이라는 개념을 도시 차원에서 접근할 때, 우리는 먼저 '느림'의 가치를 재발견해야 한다. 이탈리아에서 시작된 슬로시티(Slow City) 운동이 전 세계로 확산되고 있는 것도 이런 맥락에서 이해할 수 있다.

슬로시티는 단순히 속도를 늦추자는 것이 아니라, 지역의 전통 문화와 자연환경을 보존하면서 삶의 질을 향상시키자는 철학을 담고 있다.

우리나라의 담양, 신안 증도, 태안 등이 국제 슬로시티로 인증받은 것은 이들 지역이 가진 고유한 휴식의 방식을 국제적으로 인정받았다는 의미다. 담양의 죽녹원을 걸으며 대나무 잎사귀가 바람에 스치는 소리를 듣는 것, 증도에서 갯벌을 바라보며 시간의 흐름을 잊는 것. 이러한 경험은 도시에서 잃어버린 '시간 감각의 회복'을 가능하게 한다.

하지만 슬로시티가 반드시 작은 마을에서만 가능한 것은 아니다. 대도시 안에서도 느림의 미학을 구현할 수 있는 방법이 있다. 서울의 청계천이나 한강공원, 남산둘레길 같은 공간이 바로 그 예이다.

이곳에서 사람들은 도시의 빠른 리듬에서 잠시 벗어나 자신만의 속도로 걷고, 생각하고, 휴식을 취한다.

공원이라는 도시의 폐, 그 치유의 힘

도시에서 휴식 공간의 중요성을 말할 때 가장 먼저 떠오르는 것이 공원이다. 공원은 단순한 녹지 공간이 아니라, 도시민들의 정신적, 신체적 건강을 책임지는 '도시의 폐'와 같은 존재이다. 최근 연구에 따르면, 도시 공원과 녹지 공간은 스트레스 호르몬인 코르티솔 수치를 낮추고, 우울증과 불안 장애를 완화하는 효과가 있다고 한다.

핀란드 헬싱키의 에스플라나디 공원을 보자. 이곳은 단순히 나무와 잔디만 있는 공간이 아니라, 시민들이 자연스럽게 모여 소통하고 휴식을 취할 수 있도록 세심하게 설계된 공간이다. 여름에는 야외 콘서트가 열리고, 겨울에는 눈 덮인 풍경 속에서 사색의 시간을 제공한다. 무엇보다 이 공간이 특별한 것은 시민들이 '소유'하지 않고도 '향유'할 수 있는 진정한 공공 공간이라는 점이다.

일본 교토의 선종 사찰 정원들도 비슷한 역할을 한다. 료안지의 석정(石庭)은 15개의 돌과 하얀 자갈만으로 구성된 극도로 단순한 공간이지만, 그 안에서 사람들은 깊은 명상과 휴식을 경험한다. 이것이야말로 '덜어내기'를 통한 휴식 공간 디자인의 극치라고 할 수 있다.

휴식 산업, 새로운 도시 경제의 동력

도시의 휴식 문화는 이제 단순한 개인적 선택을 넘어 새로운 산업 영역으로 발전하고 있다. 웰빙(Well-being)과 힐링(Healing)을 결합한 '힐빙(Heal-being)' 개념이 등장하면서, 휴식과 치유를 전문으로 하는 다양한 서비스가 도시 곳곳에 자리잡고 있다.

서울 강남구 일대에 급속히 늘어나고 있는 '힐링 카페'가 대표적인 예다. 이곳에서는 단순히 커피를 마시는 것을 넘어서, 명상 프로그램, 아로마 테라피, 식물 가꾸기 체험 등 다양한 휴식 서비스를 제공한다. 또한 '수면 카페'나 '낮잠 방' 같은 새로운 형태의 휴식 공간도 등장하고 있다.

이런 휴식 산업의 성장은 단순히 개인의 스트레스 해소를 돕는 것을 넘어서, 지역 경제 활성화와 일자리 창출에도 기여한다. 특히 코로나19 팬데믹 이후 '언택트 힐링'에 대한 수요가 급증하면서, VR을 활용한 가상 자연 체험, AI 기반의 개인 맞춤형 명상 서비스 등 기술과 결합한 새로운 휴식 서비스들이 개발되고 있다.

디자인으로 구현하는 휴식의 미학

진정한 휴식 공간을 만들기 위해서는 어떤 디자인 원칙이 필요할까? 첫 번째는 '비움'의 미학이다. 너무 많은 요소가 들어간 공간은 오히려 시각적 피로를 유발한다. 대신 여백을 활용하고, 단순하면서도 자연스러운 요소로 공간을 구성하는 것이 중요하다.

두 번째는 '경계의 모호함'이다. 실내와 실외, 공적 공간과 사적 공간의 경계를 모호하게 만들어 사용자들이 자연스럽게 휴식을 취할 수 있도록 해야 한다. 서울시가 최근 추진하고 있는 '도시 속 쌈지공원' 프로젝트가 좋은 사례이다. 건물과 건물 사이의 자투리 공간을 활용해 작은 정원이나 휴식 공간을 만드는 것이다.

세 번째는 '감각의 조화'이다. 휴식 공간은 시각적 아름다움뿐만 아니라 청각, 후각, 촉각 등 모든 감각이 조화롭게 어우러져야 한다. 물소리, 바람소리 같은 자연음을 활용하고, 향기로운 식물들을 배치하며, 다양한 질감의 재료를 사용하는 것이 중요하다.

교육적 휴식 공간의 가능성

휴식 공간이 단순한 쉼의 장소를 넘어서 교육적 기능을 할 수 있다는 점도 주목할 만하다. 도시 농업 체험장에서 아이들이 직접 채소를 키우며 자연의 소중함을 배우는 것, 생태 습지에서 다양한 동식물을 관찰하며 환경의 중요성을 깨닫는 것 등이 그 예다.

서울숲의 '곤충식물원'이나 서울대공원의 '동물원 교육 프로그램' 등은 휴식과 교육을 성공적으로 결합한 사례이다. 이런 공간에서 시민들은 단순히 쉬는 것을 넘어서, 새로운 지식을 습득하고 다른 사람들과 소통하며 공동체 의식을 형성한다.

특히 어린이들에게는 이런 교육적 휴식 공간이 더욱 중요하다. 디지털 네이티브 세대인 그들에게 자연과 직접 접촉할 수 있는 기회를 제공하고, 느린 시간의 가치를 체험하게 하는 것은 건전한 인성 발달에 필수적이다.

미래 도시의 스마트 휴식

앞으로의 도시에서는 어떤 형태의 휴식 공간들이 등장할까? 스마트 시티 기술의 발달과 함께 휴식 공간도 더욱 지능적이고 개인화된 서비스를 제공할 것으로 예상된다. IoT 센서를 통해 개인의 스트레스 수준을 실시간으로 모니터링하고, 그에 맞는 최적의 휴식 환경을 자동으로 조성하는 것이 가능해질 것이다.

예를 들어, 스마트 벤치에 앉으면 개인의 심박수와 호흡 패턴을 분석해 맞춤형 명상 음악을 제공하거나, AR 글래스를 착용하면 현실의 도시 풍경 위에 가상의 자연환경을 오버레이해 더욱 깊은 휴식 경험을 제공할 수 있다.

하지만 이런 기술적 진보가 휴식의 본질을 해치지 않도록 주의해야 한다. 진정한 휴식은 기술의 도움보다는 내적 평온에서 나오는 것이기 때문이다. 기술은 어디까지나 휴식을 보조하는 수단이어야 하며, 휴식 자체가 되어서는 안 된다.

호흡하는 도시를 향하여

결국 '숨쉬는 휴식의 도시'란 도시 전체가 하나의 거대한 생명체처럼 숨을 쉬는 도시를 말한다. 바쁜 곳은 바쁘게, 조용한 곳은 조용하게. 활동적인 공간과 명상적인 공간이 조화롭게 배치되어 시민들이 자신의 필요에 따라 선택할 수 있는 도시 말이다.

이런 도시에서는 출근길 지하철역에서도 잠시 명상할 수 있는 작은 공간이 있고, 점심시간에 회사 근처에서 자연을 느낄 수 있는 옥상 정원이 있으며, 퇴근 후에는 강변에서 저녁노을을 바라보며 하루의 피로를 풀 수 있다.

무엇보다 중요한 것은 이런 휴식 공간이 특별한 사람들만을 위한 것이 아니라, 모든 시민이 평등하게 접근할 수 있어야 한다는 점이다. 휴식의 권리야말로 가장 기본적인 인간의 권리 중 하나이기 때문이다.

앞으로 우리의 도시들이 단순히 효율성만을 추구하는 기계가 아니라, 그 안에 사는 사람들이 진정으로 행복할 수 있는 '숨쉬는 공간'이 되기를 기대한다. 그리고 그런 도시에서 우리 모두가 좀 더 여유롭고 평온한 삶을 살아갈 수 있기를 바란다.

1-10
| 환경 |

생태 디자인이 완성한 환경 미학

다시 숲이 된 도시

자하 하디드가 설계한 미래적인 곡선 건물 동대문디자인플라자(DDP) 건물 위로 초록빛 식물들이 펼쳐져 있다. 1만 1천여 평방미터에 달하는 이 녹색 지붕은 단순한 조경이 아니라, 도시가 자연과 화해하고 공존하는 방식에 대한 새로운 제안이다. 콘크리트와 아스팔트로 뒤덮인 도시가 어떻게 다시 숲이 될 수 있을까?

수직으로 자라는 숲, 새로운 미학의 탄생

도시의 환경 미학을 논할 때 가장 혁신적인 변화는 바로 '수직화'이다. 땅이 부족한 도시에서 자연을 확장하는 방법으로 건물의 벽면과 옥상을 활용하기 시작한 것이다. 이탈리아 밀라노의 보스코 베르티칼레

(Bosco Verticale)는 이런 접근의 대표적인 사례이다. 112미터와 80미터 높이의 두 타워에 800여 그루의 나무와 2만여 그루의 식물이 식재된 이 '수직 숲'은 단순히 건물에 식물을 심은 것이 아니라, 도시 전체의 생태계를 재구성하는 실험이다.

이런 수직 정원의 미학적 가치는 기능적 효과와 결합할 때 더욱 빛을 발한다. 벽면의 식물들은 연간 30톤의 이산화탄소를 흡수하고, 19톤의 산소를 생산한다. 동시에 건물의 단열 효과를 높여 에너지 사용량을 25% 절감한다. 이는 환경 보호와 미적 아름다움이 더 이상 별개의 문제가 아니라는 것을 보여준다. 진정한 환경 미학은 보기에 아름다울 뿐만 아니라 생태적으로도 건전해야 한다는 새로운 기준을 제시하는 것이다.

싱가포르의 가든 바이 더 베이(Gardens by the Bay)도 비슷한 맥락에서 이해할 수 있다. 18개의 거대한 '슈퍼트리'는 단순한 조형물이 아니라 태양광 발전, 빗물 수집, 공기 정화 기능을 수행하는 살아 있는 인프라이다. 이곳에서 우리는 기술과 자연이 결합한 새로운 형태의 도시 미학을 경험한다.

바이오필릭 디자인, 인간 본성의 회복

도시의 환경 미학을 이해하기 위해서는 바이오필릭(Biophilic) 디자인의 개념을 살펴봐야 한다. 하버드 대학의 생물학자 에드워드 윌슨이 제시한 바이오필리아(Biophilia) 가설에 따르면, 인간은 태생적으로 자연과 생명체에게 끌리는 성향을 갖고 있다. 이를 도시 설계에 적용한 것이 바로 바이오필릭 디자인이다.

이런 관점에서 보면, 도시에 자연을 도입하는 것은 단순한 환경 개선을 넘어 인간의 본성을 회복시키는 작업이다. 실제로 연구 결과에 따르면, 자연 요소가 포함된 공간에서 일하는 사람들의 생산성은 15% 향상되고, 웰빙 지수는 25% 증가한다고 한다. 이는 환경 디자인이 단순히 미적 만족을 위한 것이 아니라, 인간의 삶의 질을 근본적으로 개선하는 도구라는 것을 의미한다.

서울의 서울숲이나 한강공원 같은 대규모 녹지 공간이 시민들에게 사랑받는 이유도 여기에 있다. 이런 공간은 도시민들이 잃어버린 자연과의 연결고리를 회복시켜 준다. 특히 코로나19 팬데믹 기간 동안 이런 야외 공간의 중요성이 더욱 부각되면서, 도시 계획에서 환경 요소의 비중이 크게 증가했다.

순환 경제와 지속 가능한 도시 디자인

환경 미학의 또 다른 중요한 측면은 순환 경제(Circular Economy) 개념의 도입이다. 전통적인 도시 개발이 '채취-생산-폐기'의 선형적 구조였다면, 지속 가능한 도시 디자인은 '재사용-재활용-재생'의 순환적 구조를 추구한다.

서울 성동구의 서울새활용플라자가 좋은 예다. 버려지는 폐기물을 새로운 디자인 제품으로 재탄생시키는 이 공간은, 환경 보호와 창의적 디자인이 어떻게 결합될 수 있는지를 보여준다. 여기서는 폐플라스틱으로 만든 의자, 헌 옷으로 만든 가방 등이 전시되는데, 이런 제품이 가진 미학적 가치는 기존의 신제품과 전혀 뒤지지 않는다.

이런 순환적 접근은 건축 분야에서도 활발하게 적용되고 있다. 기존 건물을 철거하지 않고 리모델링을 통해 새로운 용도로 활용하는 것, 건설 폐기물을 재활용해 새로운 건축 자재로 만드는 것 등이 그 예다. 이는 환경 보호 효과뿐만 아니라 독특한 미적 감각을 만들어내기도 한다.

교육의 장으로서의 환경 공간

도시의 환경 공간은 그 자체로 강력한 교육적 기능을 수행한다. 시민들이 일상 속에서 자연스럽게 환경 문제를 인식하고, 지속 가능한 생활 방식을 학습할 수 있는 기회를 제공하는 것이다.

서울 마포구의 하늘공원을 보자. 과거 쓰레기 매립지였던 이곳이 지금은 억새로 유명한 생태공원으로 재탄생했다. 이 공간을 방문하는 사람들은 단순히 아름다운 풍경을 감상하는 것을 넘어서, 환경 복원의 가능성과 자연의 회복력을 직접 목격한다. 특히 아이들에게는 환경의 중요성을 체험적으로 학습할 수 있는 살아 있는 교실이 된다.

도시 농업 체험장이나 빗물 정원, 태양광 발전 시설과 결합한 공원 등도 마찬가지이다. 이런 공간에서 시민들은 지속 가능한 기술과 생활 방식을 자연스럽게 접하게 되고, 이를 통해 환경 의식이 높아진다. 교육이 따로 있고 환경이 따로 있는 것이 아니라, 환경 자체가 교육의 매체가 되는 것이다.

그린 인프라 산업의 성장

도시의 환경 디자인은 이제 거대한 산업 분야로 성장했다. 그린빌딩 인증, 환경 컨설팅, 생태 복원 기술, 재생 에너지 시설 등 환경과 관련된 다양한 서비스가 새로운 시장을 형성하고 있다.

특히 '그린 인프라' 산업의 성장세가 눈에 띈다. 기존의 회색 인프라(도로, 건물, 상하수도 등)에 생태적 기능을 더한 새로운 형태의 도시 시설이 각광받고 있는 것이다. 빗물을 자연스럽게 스며들게 하는 투수성 포장재, 대기 오염 물질을 흡착하는 특수 식물을 활용한 수직 정원, 태양광 패널과 결합한 파고라 등이 그 예다.

이런 산업의 성장은 단순히 경제적 가치만 창출하는 것이 아니라, 도시 전체의 환경 질을 개선하는 데 기여한다. 또한 관련 일자리도 계속 늘어나고 있어, 환경 보호와 경제 발전이 양립할 수 있다는 것을 보여주고 있다.

스마트 에코시티, 미래 도시의 청사진

앞으로의 도시는 어떤 모습일까? 미래의 도시 환경 디자인은 첨단 기술과 생태학적 지혜가 결합된 '스마트 에코시티'의 형태로 발전할 것으로 예상된다.

IoT 센서를 통해 대기질을 실시간으로 모니터링하고, 이에 따라 자동으로 공기 정화 식물의 급수량을 조절하는 시스템, 인공지능이 날씨와 계절을 예측해 최적의 식물 배치를 제안하는 서비스, 블록체인을 활용해 개인의 탄소 절감 노력을 투명하게 기록하고 보상하는 플랫폼 등이 등장할 것이다.

하지만 이런 기술적 혁신이 환경 디자인의 본질을 대체해서는 안 된다. 진정한 환경 미학은 첨단 기술보다는 자연의 원리에 순응하고, 인간과 자연이 조화롭게 공존할 수 있는 방법을 찾는 데 있기 때문이다.

다시 숲이 된 도시를 향하여

결국 '생태 디자인이 완성한 환경 미학'이란 도시가 자연을 정복하는 것이 아니라, 자연과 함께 진화하는 것을 의미한다. 콘크리트 정글이 아니라 진짜 정글처럼 다양한 생명체들이 공존하는 도시, 건물'이 살아 숨쉬며 계절에 따라 색깔과 향기가 변하는 도시, 그리고 그 안에서 인간들이 진정으로 건강하고 행복하게 살 수 있는 도시를 만드는 것이다.

이런 도시에서는 아침에 출근길에 건물 벽면의 꽃향기를 맡을 수 있고, 점심시간에 옥상 정원에서 도시락을 먹으며 새소리를 들을 수 있으며, 퇴근 후에는 인근 도시숲에서 산책하며 하루의 피로를 풀 수 있다. 이것이야말로 우리가 꿈꾸는 진정한 환경 도시의 모습이 아닐까.

앞으로 우리의 도시들이 단순히 경제적 효율성만을 추구하는 기계가 아니라, 인간과 자연이 조화롭게 공존하는 생명체가 되기를 기대한다. 그리고 그 과정에서 만들어지는 새로운 형태의 미학이 우리 삶을 더욱 풍요롭고 아름답게 만들어주기를 바란다.

1-11

| 관광 |

길 위에 경제가 있는
도시의 미학

관광객을 상대로 만들어진 도시의 강력한 브랜드

명동 거리에 늘어선 화장품 매장과 K-패션 브랜드들, 그리고 그 앞을 스마트폰으로 촬영하며 지나가는 외국인 관광객들을 보면서, 과연 이것이 자연스럽게 형성된 풍경일까 아니면 철저히 계산된 무대일까 하는 생각이 든다. 코로나19 시절 사람들의 발길이 뜸했던 명동이 다시 활기를 되찾은 가운데 우리는 21세기 도시가 어떻게 관광을 위한 거대한 브랜드로 스스로를 재구성하는지를 목격하고 있다. 길 위에 펼쳐진 이 모든 풍경이 바로 관광 경제라는 이름의 도시 미학인 것이다.

길 위에서 시작되는 브랜드 스토리

도시의 관광 경제는 무엇보다 '길'에서 시작된다. 파리의 샹젤리제, 바르셀로나의 람블라스 거리, 그리고 서울의 명동과 홍대. 이들 거리는 단순한 보행로가 아니라 각자의 고유한 브랜드 스토리를 가진 경제적 무대다.

명동의 경우를 보자. 1970년대부터 형성되기 시작한 이 상권은 처음에는 국내 소비자들을 위한 쇼핑가였다. 하지만 2000년대 들어 한류 열풍과 함께 외국인 관광객들의 성지로 변모했다. 특히 K-뷰티와 K-패션의 글로벌화와 함께 명동은 '한국을 체험할 수 있는 거리'라는 브랜드 정체성을 확립했다. 올리브영, 이니스프리, 에뛰드하우스 같은 K-뷰티 브랜드들과 무신사스탠다드, 커버낫 같은 K-패션 브랜드들이 플래그십 스토어를 연 것도 이런 맥락에서다.

홍대 앞 거리는 또 다른 브랜드 스토리를 만들어냈다. '젊음과 창의성의 거리'라는 정체성으로 클럽과 라이브 카페, 인디 브랜드 매장이 자연스럽게 어우러졌다. 최근에는 나이키, 아디다스 같은 글로벌 스포츠 브랜드가 젊은 소비자들을 타깃으로 한 체험형 매장을 오픈하면서 새로운 층위의 브랜드 경험을 제공하고 있다.

관광객이 만들어내는 경제 생태계

흥미로운 것은 이런 관광 상권이 관광객의 행동 패턴에 맞춰 스스로를 재구성한다는 점이다. 단순히 상품을 파는 공간이 아니라, 관광객들이 '인증샷'을 찍고 SNS에 올릴 수 있는 '체험 가능한 브랜드공간'으로 진화하는 것이다.

이태원과 한남동의 변화가 대표적이다. 과거 미군 부대를 중심으로 형성된 이태원은 최근 '한국의 브루클린'이라는 새로운 브랜드 정체성을 획득했다. 독립 브랜드 매장과 로컬 디자이너들의 플래그십 스토어, 그리고 감각적인 카페가 어우러지면서 '힙한 서울'을 경험하려는 외국인 관광객들의 필수 코스가 되었다. 드파운드(The Found) 같은 국내 여성복 브랜드의 한남 매장이 관광객들 사이에서 '인증샷 명소'로 입소문이 나면서 매출이 급증한 것도 이런 현상을 보여준다.

성수동의 경우는 더욱 흥미롭다. 과거 제조업 지역이었던 이곳이 '서울의 브루클린'으로 불리며 창업가들과 젊은 직장인들의 성지가 되었고, 최근에는 외국인 관광객들도 몰려드는 핫플레이스가 되었다. 낡은 공장 건물을 개조한 복합 문화 공간과 감각적인 카페들, 그리고 독특한 쇼핑 경험을 제공하는 편집숍이 어우러져 산업 유산과 현대 문화가 공존하는 서울'이라는 브랜드를 만들어냈다.

디자인된 자연스러움의 미학

이런 관광 상권들의 가장 큰 특징은 '계획된 자연스러움'이다. 겉보기에는 자연스럽게 형성된 것 같지만, 실제로는 치밀한 계산과 디자인이 숨어 있다.

동대문디자인플라자(DDP) 주변 지역이 좋은 예다. DDP라는 상징적 건축물을 중심으로 패션과 디자인 관련 브랜드가 집적되면서 '아시아의 패션 허브'라는 브랜드 이미지를 구축했다. 24시간 쇼핑이 가능한 동대문 시장과 첨단 디자인 공간인 DDP가 만나면서, 전통과 현대가 공존하는 독특한 쇼핑 경험을 제공한다.

여기서 중요한 것은 '스토리텔링'이다. 단순히 상품을 파는 것이 아니라, 그 상품과 공간이 가진 이야기를 판매하는 것이다. 인사동의 전통 공예품 매장이 단순히 기념품을 파는 것이 아니라 '한국 전통 문화 체험'이라는 스토리를 판매하는 것처럼 말이다.

교육과 엔터테인먼트의 융합

현대의 관광 상권은 단순한 쇼핑 공간을 넘어서 교육과 엔터테인먼트 기능을 통합한 복합 문화 공간으로 진화하고 있다. 이를 '리테인먼트(Retailtainment)'라고 부른다.

롯데월드몰이나 코엑스몰 같은 대형 복합 쇼핑몰이 단순히 쇼핑 공간이 아니라 전시장, 공연장, 체험관 등을 통합한 문화 복합 공간으로 기능하는 것이 그 예다. 관광객들은 이곳에서 쇼핑을 하면서 동시에 한국의 대중 문화를 체험하고, K-팝 관련 전시를 관람하며, 한국 전통 문화 체험 프로그램에 참여한다.

특히 한류 문화와 결합된 체험형 쇼핑 공간이 큰 인기를 끌고 있다.

강남의 SMTOWN@coexartium이나 홍대의 HYBE 인사이트 같은 K-팝 관련 체험 공간은 쇼핑과 엔터테인먼트, 교육을 하나로 결합한 새로운 형태의 관광 상품을 제공한다.

디지털 기술이 바꾸는 쇼핑 경험

미래의 관광 상권은 디지털 기술과 결합하면서 더욱 혁신적인 형태로 진화하고 있다. 증강 현실(AR), 가상 현실(VR), 인공지능(AI) 등의 기술이 물리적 쇼핑 공간과 결합해 새로운 차원의 관광 경험을 만들어내고 있다.

예를 들어, 명동의 일부 화장품 매장에서는 AR 기술을 활용한 가상 메이크업 체험 서비스를 제공한다. 관광객들은 실제로 화장품을 발라보지 않고도 자신에게 어울리는 색상과 스타일을 미리 확인할 수 있다. 또한 AI 기반의 개인 맞춤형 쇼핑 추천 서비스를 통해 개별 관광객의 취향과 예산에 맞는 상품과 매장을 추천받을 수 있다.

모바일 결제 시스템의 발달도 관광 쇼핑 경험을 크게 바꾸고 있다. 중국 관광객들을 위한 알리페이, 위챗페이 서비스부터 다양한 국가의 모바일 결제 시스템까지 지원하면서 언어 장벽 없이 편리한 쇼핑이 가능해졌다.

지속 가능한 관광 경제를 위한 과제

하지만 관광 중심의 도시 경제에는 그림자도 있다. 가로수길의 사례가 대표적이다. 한때 트렌디한 쇼핑가로 각광 받았던 가로수길은 과도한 임대료 상승과 획일화된 브랜드 진출로 인해 개성을 잃으면서 관광객들의 관심에서 멀어졌다. 공실률이 높게 나타나는 것도 이런 문제의 결과이다.

이는 관광 상권이 지속 가능하게 발전하기 위해서는 단순히 유명 브랜드를 유치하는 것을 넘어서, 그 지역만의 고유한 정체성과 스토리를 보존하고 발전시켜야 한다는 것을 보여준다.

성공적인 관광 상권의 공통점은 '진정성(Authenticity)'이다. 인위적으로 만들어진 것 같지 않고, 그 지역의 역사와 문화가 자연스럽게 녹아 있는 공간이 관광객들에게 더 큰 매력을 발휘한다.

미래 도시 브랜드의 방향성

앞으로의 도시 관광 브랜드는 더욱 개인화되고 체험 중심적으로 진화할 것이다. 획일적인 쇼핑 경험이 아니라, 개별 관광객의 취향과 관심사에 맞춤화된 독특한 경험을 제공하는 방향으로 발전할 것이다.

또한 지속 가능성과 사회적 책임이 중요한 브랜드 가치로 부상하고 있다. 환경을 생각하는 친환경 상품, 지역 커뮤니티와 상생하는 로컬 브랜드, 문화 다양성을 존중하는 포용적 공간 등이 새로운 경쟁력으로 인식되고 있다.

도시 전체가 브랜드가 되는 시대

결국 '길 위에 경제가 있는 도시의 미학'이란 도시 전체를 하나의 거대한 브랜드로 만드는 것을 의미한다. 특정 상권이나 랜드마크만이 아니라, 지하철역에서부터 골목길까지 모든 공간이 그 도시만의 독특한 브랜드 경험을 제공하는 것이다.

서울이 'Seoul My Soul'이라는 브랜드 슬로건을 통해 추진하고 있는 도시 브랜딩도 이런 맥락에서 이해할 수 있다. 단순히 관광 명소를 홍보하는 것이 아니라, 서울이라는 도시 전체가 가진 에너지와 창의성, 그리고 전통과 현대의 조화를 하나의 통합된 브랜드 경험으로 제시하려는 것이다.

앞으로 우리 도시들이 단순히 관광객들의 돈을 버는 공간이 아니라, 그들에게 진정한 가치와 감동을 제공하는 브랜드가 되기를 기대한다. 그리고 그 과정에서 지역 주민들도 함께 행복해질 수 있는 지속 가능한 관광 경제 생태계가 구축되기를 바란다.

1-12
| 공간 |

경계가 없는 방처럼 유연한 도시 공간 미학

수직과 수평의 융합이 만든 3차원 도시의 공간적 서사

현대인의 일상을 지배하는 도시 공간은 더 이상 고정된 경계로 구분되지 않는다. 마치 벽이 사라진 방처럼, 오늘날의 도시는 유연하고 가변적인 공간으로 변화하고 있다. 브리크매거진 '경계없는 작업실'이라는 이름으로 활동하는 건축가들이 추구하는 것처럼, 현대 도시는 공간을 통해 삶을 디자인하고, 공급의 논리와 경험의 가치를 연결하는 새로운 패러다임을 제시하고 있다.

탈경계가 만들어 낸 새로운 도시 언어

전통적인 도시 계획에서 명확히 구분되었던 주거, 상업, 업무, 문화 영역의 경계가 흐려지면서, 도시는 하나의 거대한 융합 공간으로 재탄생하고 있다. 서울대학교 연구에 따르면, 도시 영역에서 경계의 해체는 공공 공간과 사유 공간에 대한 새로운 사유를 통해 나타나며, 다양한 경험이 교차하는 흐르는 공간을 통해 도시와 건축의 경계 자체가 모호해지고 있다.

이러한 변화는 단순한 물리적 구조의 변화를 넘어서, 도시민들의 일상적 경험에 근본적인 변화를 가져왔다. 과거 집에서 직장으로, 직장에서 상점으로 이동하던 선형적 동선은 이제 하나의 복합 공간 안에서 동시다발적으로 일어나는 다층적 경험으로 대체되었다. 카페에서 업무를 보고, 쇼핑몰에서 문화 행사를 관람하며, 공원에서 비즈니스 미팅을 갖는 것이 자연스러운 풍경이 된 것이다.

공간을 통한 사회적 학습

경계 없는 도시 공간은 그 자체로 거대한 교실이다. ω인포팩토리 '공간의 유동성'이라는 건축 개념이 현실화된 도시에서, 시민들은 의도하지 않았음에도 불구하고 다양한 사회적, 문화적 학습을 경험하게 된다.

대표적인 사례가 서울의 코워킹 스페이스와 복합 문화 공간이다. 이곳에서는 스타트업 창업자와 전통 공예가, 디지털 아티스트와 동네 상인이 같은 공간을 공유하면서 자연스럽게 지식과 경험을 교환한다. 이러한 우연한 만남이 축적되면서, 도시 전체가 하나의 거대한 지식 생태계로 기능하게 된다.

특히 대한건축학회가 지적하듯이, 전시 공간의 융통성과 유동성은 단순히 관람자에게 볼거리를 제공하는 것을 넘어서, 능동적 참여와 상호 작용을 통한 교육적 경험을 제공한다. 이는 전통적인 일방적 방식의 교육에서 양방향적, 체험적 교육으로의 패러다임 변화를 반영한다.

유연성이 창출하는 새로운 가치

더코리아저널이 제시하는 '융합적 공간 문화 자산 미래 유산 설계론'은 도시 공간의 산업적 가치를 잘 보여준다. 기술적 분석과 감성적 접근을 결합한 지속 가능하고 혁신적인 도시 공간은 새로운 산업 생태계의 기반이 되고 있다.

현대 도시의 유연한 공간 구조는 특히 창조 산업과 지식 서비스업에 최적화된 환경을 제공한다. 고정된 사무실 대신 필요에 따라 공간을 선택하고 조합할 수 있는 환경에서, 기업은 더욱 효율적이고 창의적인 업무 환경을 구축할 수 있다. 이는 부동산 비용 절감뿐만 아니라, 인력 운용의 유연성과 협업 기회의 확대로 이어진다.

덴 매거진에서 소개하는 '어번 노매드' 현상도 이러한 맥락에서 이해할 수 있다. 유연한 조직문화로 구성원의 자기 표현과 창작을 존중하는 방식으로 지역 인프라를 개발하는 이들은, 전통적인 산업 공간의 한계를 넘어선 새로운 경제 모델을 제시하고 있다.

모호함의 미학

경계가 모호한 공간의 미학은 명확한 구분보다는 자연스러운 전이와 연결에 중점을 둔다. 조선대학교 연구에 따르면, 현대 건축의 경계에서 나타나는 인터랙션 디자인은 공간을 이루는 표피가 전통적인 경계의 영역을 해체하고 확장하여, 그 위에 행위와 사건이 일어날 수 있게 하는 것이다.

이러한 접근은 건축가 프랭크 게리의 빌바오 구겐하임 미술관에서 잘 드러난다. 쉽게 배우는 건축 이야기 미술관의 외형은 전통적인 건축물의 경계를 해체하여 조각품과 같은 예술적 형태를 취하면서도, 동시에 도시 경관의 일부로 자연스럽게 융합된다.

한국에서도 인천의 '코스모40'과 같은 재생 건축 프로젝트가 주목받고 있다. 철거 위기에 처했던 낙후된 공간을 문화 공간으로 탈바꿈시키는 이러한 사례는 기존 공간의 역사성을 보존하면서도 현대적 기능을 융합하는 새로운 디자인 패러다임을 보여준다.

오픈스페이스의 새로운 정의

한국조경학회의 연구에 따르면, 도시 오픈스페이스는 단순한 공터나 녹지의 개념을 넘어서 도시 환경 구조와 지역 사회의 일상을 연결하는 공간적 고리로 기능한다. 현대적 의미의 오픈스페이스는 물리적 개방성뿐만 아니라 기능적, 사회적 개방성을 모두 포괄한다.

서울 청계천의 변화가 대표적인 사례이다. 과거 복개된 도로였던 공간이 수변 공간으로 복원되면서, 단순한 녹지 공간을 넘어서 문화 이벤트, 시민 축제, 비즈니스 미팅, 관광 명소 등 다양한 기능을 동시에 수행하는 복합적 오픈스페이스로 변모했다. 이곳에서는 시민들의 일상적 산책과 관광객들의 문화 체험, 기업들의 야외 행사가 자연스럽게 공존한다.

미래 도시의 공간 유동성

'리퀴드 폴리탄' 개념은 미래 도시의 방향을 잘 보여준다. 도시와 유동성의 시대에서 공간과 자원의 공유를 통해 환경에 미치는 영향을 줄이는 트렌드가 확산되고 있으며, 대규모 건축과 장기 소유보다 소규모, 단기 사용이 환경친화적으로 간주되고 있다.

 이러한 변화는 도시 공간의 소유 개념 자체를 변화시키고 있다. 과거의 '소유하는 공간'에서 '이용하는 공간', '경험하는 공간'으로의 전환이 일어나고 있다. 구독 경제가 다양한 산업 분야로 확산되듯이, 도시 공간 역시 필요에 따라 선택하고 조합할 수 있는 서비스의 성격을 띠게 될 것이다.

현대적 공공성의 조건으로서 개방적이고 가변적인 특성, 경계의 유동성에 의한 열린 관계와 수평적 관계의 특징이 중요해지고 있다. 이는 미래 도시가 추구해야 할 방향성을 명확히 제시한다.

공간의 서사, 도시의 미래

도시는 이제 단순한 거주 공간이나 경제 활동의 무대를 넘어서, 하나의 거대한 서사적 구조를 가진 문화적 텍스트가 되었다. 수직과 수평이 만나는 3차원 공간에서, 과거와 현재, 미래가 중첩되며, 개인과 집단, 로컬과 글로벌이 복합적으로 교차하는 이 공간에서 우리는 매일 새로운 이야기를 써내려 가고 있다.

경계가 없는 방처럼 유연한 도시 공간은 그 자체로 무한한 가능성의 플랫폼이다. 이 공간에서 창작자는 언제든 작업실을 만들 수 있고, 학습자는 어디서든 배움의 기회를 발견할 수 있으며, 기업가는 새로운 비즈니스 모델을 실험할 수 있다. 관광객은 단순히 구경하는 것이 아니라 그 도시의 일상에 자연스럽게 참여하게 된다.

이러한 도시 공간의 미학은 완성된 형태가 아니라 끊임없이 변화하고 진화하는 과정 자체에 있다. 마치 살아 있는 유기체처럼, 도시는 그 안에 사는 사람들의 필요와 욕구에 반응하며 스스로를 재구성해 나간다. 그리고 이 과정에서 우리 모두는 도시라는 거대한 집단 작품의 공동 창작자가 되어가고 있다.

미래의 도시는 더욱 유연하고, 더욱 개방적이며, 더욱 다양한 경험을 제공하는 공간이 될 것이다. 그리고 그 공간에서 펼쳐질 무수한 이야기들이 바로 우리가 함께 써 내려가는 21세기 도시 문명의 서사인 것이다.

CHAPTER

02

도시의 환경에 대한 예술적 이해

갑자기 르네상스가 내게 말을 걸어왔다

2-1	바이오필릭 도시 공간, 미디어 파사드 도시 미학
2-2	알고리즘이 그려낸 실시간 도시 계획
2-3	캔버스가 된 도시, 거리 위 업사이클 프로젝트
2-4	에코 캔버스로 가득한 길 위의 갤러리
2-5	도시의 환경과 생태 교향곡
2-6	공공 예술이 만들어낸 도시의 처방전
2-7	공유 경제와 공유 주거, 15분 도시 주거
2-8	도시 환경이 설계한 24시간 라이프
2-9	몰입형 예술이 만든 도시 수익 모델
2-10	그린 팩토리와 업사이클이 만든 도시의 산업 구조
2-11	그린·아트 투자로 그려낸 도시 ESG 포트폴리오
2-12	마이크로 스페이스가 연출한 환경·예술 포켓 시티

2-1
| 디자인 |

바이오필릭 도시 공간, 미디어 파사드 도시 미학

순환 재료 디자인이 만든 도시 생태 예술

순환 재료 디자인이 만든 도시 생태 예술

도시는 계획이 있다. 그 계획 속에는 단순히 기능적 효율성을 넘어선 미학적이며 철학인 내용이 녹아 있다. 즉 도시는 인간처럼 생각하고 있는 것이다. 오늘날 우리가 마주하는 도시 환경은 인간과 자연, 기술과 예술이 만나는 복합적 공간으로 진화하고 있다. 그 중심에는 '디자인'이라는 강력한 도구가 자리하고 있는데, 바이오필릭 도시 공간과 미디어 파사드라는 두 축을 통해 도시의 환경에 대한 예술적 이해를 새롭게 정의하고 있다.

바이오필릭 도시 공간: 자연과 인간을 잇는 디자인 철학

바이오필릭 디자인은 생명체를 의미하는 '바이오'와 사랑을 의미하는 '필리아'의 합성어로, 인간이 선천적으로 가지고 있는 자연에 대한 애호성을 공간 디자인에 반영하는 철학이다. 이는 단순히 식물을 배치하거나 자연 소재를 사용하는 표면적 접근을 넘어, 인간의 심리적·정서적 안정감을 위한 종합적 환경 조성을 목표로 한다.

교육적 관점에서 바이오필릭 디자인은 도시민들에게 자연과의 연결성을 일깨우는 살아 있는 교과서 역할을 한다. 도시화율이 높아지고 있는 지금, 도심 속 바이오필릭 공간은 자연과 격리된 도시민들에게 생태적 감수성을 기를 수 있는 기회를 제공한다. 싱가포르 창이공항의 바이오필릭 디자인이나 성동구의 케냐프를 활용한 그린카본 구역조성 사례는 시민들이 일상에서 자연의 순환과 생태계의 가치를 체험할 수 있게 한다.

산업적 측면에서 바이오필릭 디자인은 새로운 가치와 시장을 창출하고 있다. 건축, 조경, 인테리어 산업뿐만 아니라 공기 정화 시스템, 자연 소재 개발, 스마트 환경 제어 기술 등 연관 산업의 성장을 이끌고 있다. 특히 코로나19 팬데믹 이후 실내 공기질에 대한 관심이 높아지면서, 바이오필릭 요소를 접목한 건강한 공간 디자인에 대한 수요가 급증하고 있다.

미디어 파사드: 도시의 디지털 캔버스

미디어 파사드는 건물 외벽을 거대한 디지털 캔버스로 변화시켜 도시에 새로운 미학적 차원을 부여한다. 1982년 영화 '블레이드 러너'에서 처음 등장한 개념이 현실화된 지 40여 년이 지난 지금, 미디어 파사드는 단순한 광고 매체를 넘어 공공 예술의 영역으로 확장되고 있다.

디자인적 관점에서 미디어 파사드는 정적인 건축물에 동적 요소를 부여하여 도시 경관의 서사성을 강화한다. 삼성동 SM타운의 '웨이브' 작품처럼 아나몰픽 일루전을 활용한 입체적 표현은 건축물의 물리적 한계를 해체하고 무한한 상상의 공간을 창조한다. 이는 도시를 단순한 기능적 공간에서 감성적 체험의 장으로 전환하는 강력한 디자인 도구로 작용한다.

　미래 도시적 측면에서 미디어 파사드는 스마트시티의 핵심 구성 요소로 진화하고 있다. AR, VR 기술과의 융합을 통해 시민들과의 상호 작용을 강화하고, 도시 정보를 실시간으로 공유하는 소통의 플랫폼 역할을 수행한다. 프랑스 리옹의 '빛 축제'가 매년 수백만 명의 관광객을 유치하며 도시 경제를 활성화하는 것처럼, 미디어 파사드는 문화·관광·경제의 연쇄적 상승 효과를 창출하는 도시 전략 도구로 자리 잡고 있다.

순환 재료 디자인: 지속 가능한 도시 생태계의 핵심

순환 재료 디자인은 '생산-사용-폐기'라는 선형적 구조를 '순환-재생-재활용'의 원형 구조로 전환하는 패러다임 변화를 의미한다. 이는 단순한 환경 보호를 넘어 도시 전체의 물질 흐름을 재설계하는 혁신적 접근이다.

업사이클링 아트의 등장은 이러한 변화를 상징적으로 보여준다. 폐기물을 예술 작품으로 승화시키는 업사이클링은 버려지는 것에 새로운 가치를 부여하며, 시민들에게 자원 순환의 미학적 가능성을 제시한다. 광명업사이클아트센터와 같은 복합 문화 공간의 등장은 순환 재료 디자인이 단순한 환경 운동을 넘어 하나의 문화 콘텐츠로 발전하고 있음을 보여준다.

산업적으로 순환 재료 디자인은 새로운 비즈니스 모델을 창출하고 있다. 국내 업사이클링 시장이 40억 원 규모로 성장하고 관련 기업이 745개사를 넘어선 것은 이 분야의 잠재력을 입증한다. 특히 패션, 가구, 건축 자재 등 다양한 분야에서 순환 재료를 활용한 혁신적 제품들이 등장하며 지속 가능한 경제 모델의 기반을 다지고 있다.

통합적 도시 디자인의 미래

바이오필릭 도시 공간과 미디어 파사드, 순환 재료 디자인은 독립적으로 존재하는 것이 아니라 상호 보완적 관계를 형성한다. 바이오필릭 디자인이 자연과의 연결을 통해 도시민의 정신적 안정을 추구한 다면, 미디어 파사드는 기술을 통해 도시의 문화적 정체성을 강화한다. 순환 재료 디자인은 이 모든 것을 지속 가능한 기반 위에서 실현할 수 있게 하는 근본적 틀을 제공한다.

미래의 도시는 이 세 요소가 유기적으로 결합한 공간이 될 것이다. 재활용 소재로 만들어진 바이오필릭 건축물의 외벽에 친환경 에너지로

구동되는 미디어 파사드가 자연의 아름다움을 실시간으로 표현하는 모습을 상상해 볼 수 있다. 이러한 통합적 접근은 도시를 단순한 거주 공간에서 인간과 자연, 기술이 조화롭게 공존하는 생태 예술 작품으로 승화시킬 것이다.

도시의 환경에 대한 예술적 이해는 결국 인간 중심의 사고를 넘어 모든 생명체와 지구 환경을 아우르는 통합적 관점으로의 전환을 의미한다. 디자인은 이러한 전환의 핵심 동력이며, 바이오필릭 공간과 미디어 파사드, 순환 재료 디자인은 그 구체적 실현 방법론이다. 우리가 꿈꾸는 지속 가능한 미래 도시는 이러한 디자인 철학의 총체적 결합을 통해서만 실현 가능할 것이다.

2-2
| 계획 |

알고리즘이 그려낸
실시간 도시 계획

기후 위기·문화 상상이 만난 새로운 계획

기후 위기·문화 상상이 만난 새로운 계획

도시의 계획은 과거의 정적인 청사진에서 벗어나 실시간으로 변화하는 동적 시스템으로 진화하고 있다. 알고리즘이 그려내는 21세기의 도시 계획은 단순한 물리적 공간 배치를 넘어, 기후 위기와 문화적 상상력이 융합된 새로운 형태의 예술적 실험장이 되고 있다. 이는 도시의 환경에 대한 예술적 이해를 완전히 새로운 차원으로 끌어올리는 패러다임의 전환이다.

알고리즘 기반 계획: 도시를 읽는 새로운 언어

전통적인 도시 계획이 과거 데이터와 전문가의 경험에 의존했다면,

알고리즘 기반 계획은 실시간으로 수집되는 빅데이터를 통해 도시의 현재를 읽고 미래를 예측한다. 국토교통부의 '어반 AI' 프로젝트는 이러한 변화의 선봉에 있다. 부산의 '15분 도시', 천안의 '콤팩트 시티', 담양의 '인구 감소 대응 강소 도시' 등 각기 다른 지향점을 가진 도시들이 AI 기술을 통해 최적의 계획안을 도출하고 있다.

교육적 관점에서 알고리즘 기반 계획은 도시 계획의 민주화를 가능하게 한다. 복잡한 도시 현상을 시각화하고, 시민들이 쉽게 이해할 수 있는 형태로 변환함으로써 도시 계획 과정에 시민 참여를 확대한다. 디지털 트윈 기술을 활용한 서울시의 실시간 도시 데이터 플랫폼은 교통, 인구, 통합적 환경 정보를 제공하여 시민들이 도시 현황을 직관적으로 파악할 수 있게 도움을 주는데 이는 도시 계획가만의 전문 영역에서 벗어나 시민 모두가 참여하는 집단 지성의 결과물로 흐름이 전환되는 과정이다.

산업적 측면에서 알고리즘 기반 계획은 새로운 시장을 창출하고 있다. 도시 계획 소프트웨어부터 실시간 데이터 분석, 예측 모델링까지 다양한 기술 영역이 하나로 융합되면서 전통적인 건설·토목 산업의 경계를 넓히고 있다. 특히 기후 변화 적응과 탄소중립 목표 달성을 위한 도시 계획에서 알고리즘의 역할이 커지면서, 환경 모니터링과 에너지 효율성 분석 등의 분야에서 새로운 비즈니스 모델이 등장하고 있다.

기후 위기와 계획의 재정의

기후 위기는 도시 계획의 패러다임을 근본적으로 바꾸고 있다. 과거의 계획이 성장과 확장을 전제로 했다면, 현재의 계획은 적응과 회복력을 핵심으로 한다. 양주시의 '미세 먼지 인벤토리·환경 모니터링 플랫폼'이나 스마트 그린도시의 실시간 대기질 모니터링 시스템은 기후 위기에 대응하는 새로운 계획 방법론을 보여준다.

디자인적 관점에서 기후 적응형 계획은 도시를 하나의 거대한 생태 예술 작품으로 접근한다. 도시의 바람길, 녹지 배치, 물 순환 시스템 등이 단순한 기능적 요소를 넘어 도시 전체의 미학적 구성 요소로 인식된다. 이는 도시 계획가가 엔지니어인 동시에 예술가가 되어야 함을 의미한다. 기후 변화로 인한 극한 날씨 현상을 대비한 도시 설계는 기능성과 아름다움을 동시에 추구하는 새로운 도시 미학을 창조하고 있다.

문화적 상상력: 계획의 새로운 동력

문화적 상상력은 알고리즘 기반 도시 계획에 인간적 온기를 불어넣는다. 데이터와 알고리즘만으로는 포착할 수 없는 지역의 정체성, 시민의 꿈과 열망, 문화적 가치가 계획 과정에 통합되면서 보다 인간 중심적인 도시 공간이 만들어진다. 법정 문화 도시 조성 사업에서 보듯이, 각 지역의 고유한 문화적 자산과 시민의 창의성이 도시 계획의 핵심 동력으로 작용하고 있다.

미래 도시적 측면에서 문화적 상상력은 도시 계획의 지속 가능성을 보장하는 핵심 요소이다. 의정부시의 시민 주도형 문화 정책이나 각종 문화 도시 사업에서 나타나듯이, 시민들의 창작 활동과 문화적 참여가 도시 계획의 원동력이 될 때 진정한 의미의 지속 가능한 도시가 실현된다. 이는 도시가 단순한 거주 공간을 넘어 창조와 소통의 플랫폼으로 진화함을 의미한다.

실시간 계획: 살아 숨 쉬는 도시의 비전

실시간 계획의 핵심은 도시를 고정된 완성품이 아닌 지속적으로 진화하는 살아 있는 유기체로 인식하는 것이다. 센서와 IoT 기술, 인공지능이 결합하여 도시의 모든 활동을 실시간으로 모니터링하고, 이에 기반해 즉각적인 계획 수정이 이루어진다. 이는 마치 도시 전체가 하나의 거대한 인공지능 작품처럼 스스로 학습하고 진화하는 모습이다.

디지털 트윈 기술은 이러한 실시간 계획의 핵심 도구로 부상하고 있다. 물리적 도시와 동일한 가상 도시를 구축하고, 실시간 데이터를 통해 이를 지속적으로 업데이트함으로써 다양한 시나리오를 실험하고 최적의 계획안을 도출할 수 있다. 이천시의 디지털 트윈 기반 스마트도시 계획이나 서울시의 실시간 도시 데이터 플랫폼은 이러한 가능성을 현실화하고 있다.

예술적 이해의 새로운 지평

알고리즘이 그려낸 실시간 도시 계획은 도시의 환경에 대한 예술적 이해를 새로운 차원으로 끌어올린다. 이는 단순히 아름다운 도시를 만드는 것을 넘어, 도시 자체를 하나의 종합 예술 작품으로 인식하는 관점이다. 기후 데이터가 만들어내는 실시간 시각화, 시민 참여 데이터가 형성하는 집단적 창작 과정, 알고리즘이 제안하는 예측 모델이 모두 도시라는 거대한 캔버스 위에서 끊임없이 변화하는 예술 작품을 만들어낸다.

통합적 접근에서 보면, 미래의 도시 계획은 과학 기술과 예술, 환경과 문화, 데이터와 상상력이 완전히 융합된 형태로 진화할 것으로 예측된다. 알고리즘은 단순한 도구가 아니라 도시의 창조적 파트너가 되고, 기후 위기는 제약이 아닌 새로운 창작의 영감이 될 수도 있으며, 문화적 상상력은 기술적 효율성에 인간적 가치를 부여하는 역할을 하게 될 것이다.

결국 알고리즘이 그려낸 실시간 도시 계획은 도시를 정적인 공간에서 동적인 경험으로, 기능적 집합체에서 예술적 창작물로, 개별적 요소들의 조합에서 통합적 생태계로 전환하고 있다. 이는 도시의 환경에 대한 예술적 이해가 단순한 미학적 감상을 넘어 도시민의 삶과 직결되는 실천적 가치로 발전하고 있음을 의미한다. 미래의 도시는 이러한 새로운 계획 철학을 통해 인간과 자연, 기술과 문화가 조화롭게 공존하는 진정한 예술 작품이 될 것이다.

도시의 환경에 대한 예술적 이해

2-3
| 재생 |

캔버스가 된 도시,
거리 위 업사이클 프로젝트

순환 경제와 공공 미학

순환 경제와 공공 미학

    도시의 치밀한 계획 속에는 이제 '재생'이라는 새로운 철학이 깊이 뿌리내리고 있다. 21세기 도시가 직면한 가장 큰 과제 중 하나는 버려지고 소외된 공간, 그리고 자원을 어떻게 새로운 가치로 되살려낼 것인가 하는 문제다. 이런 맥락에서 도시 전체가 하나의 거대한 캔버스가 되어 업사이클 프로젝트를 통한 예술적 재생이 이루어지고 있다. 이는 단순한 환경 보호를 넘어 순환 경제와 공공 미학이 만나는 새로운 도시 환경에 대한 예술적 이해의 출발점이다.

재생의 미학: 버려진 것에서 발견하는 새로운 가치

도시의 재생은 단순히 낡은 것을 새것으로 바꾸는 개념이 아니다. 기존의 가치를 인정하면서도 새로운 개념의 의미를 덧붙이는 과정이다. 서울로7017이 철거 예정이었던 고가도로를 공중정원으로 탈바꿈시킨 것이나, 런던의 배터시 화력발전소가 40년 만에 복합 문화 공간으로 되살아난 것은 이러한 재생 미학의 대표적 사례이다.

교육적 관점에서 도시 업사이클 프로젝트는 시민들에게 자원 순환과 지속 가능성에 대한 살아 있는 교육 현장을 제공한다. 광명업사이클아트센터는 국내 최초의 업사이클 아트 전문 공간으로, 폐자원을 활용한 예술 작품 전시와 체험 프로그램을 통해 시민들이 버려지는 것들의 잠재적 가치를 직접 체험할 수 있게 한다. 이는 단순한 환경 교육을 넘어 창조적 사고와 문제 해결 능력을 기르는 통합적 학습 경험이다.

산업적 측면에서 도시 업사이클 프로젝트는 새로운 경제 생태계를 만들어내고 있다. 지자체가 앞다투어 재생 관련 물리적 플랫폼의 구축을 추진하고 있는 것처럼, 업사이클링이 지역 소멸 위기를 극복하는 문화 재생 산업으로 부상한 지 오래되었다. 이는 창작자, 기획자, 유통업체, 교육 기관이 연결된 순환 경제 모델을 구축하는 결과와 함께 지역 경제 활성화 및 일자리 창출이라는 구체적 성과를 만들어내고 있다.

순환 경제: 도시 혈액 순환의 새로운 패러다임

순환 경제는 '생산-소비-폐기'라는 선형적 경제 모델을 '재사용-재제조-재활용'의 순환 구조로 전환하는 경제 패러다임이다. 도시 업사이클 프로젝트는 이러한 순환 경제의 가장 가시적이고 예술적인 구현체라 할 수 있다.

디자인적 관점에서 순환 경제 기반의 업사이클 프로젝트는 도시 공간에 새로운 시각적 언어를 만들어낸다. 스타벅스 경동 1960점이 옛 극장 건물의 계단식 구조를 살려 독특한 공간감을 연출한 것처럼, 업사이클링은 기존 공간의 역사성과 물리적 특성을 예술적 영감의 원천으로 활용한다. 이는 획일적인 신축 건물로 가득한 도시에 개성 있는 장소성을 부여하며, 각각의 공간이 고유한 스토리텔링을 갖게 한다.

태국의 '앙실라 굴 양식 파빌리온'이 폐차 안전벨트를 재활용해 굴 양식장을 조성하고 지역 경제를 살린 사례나, 튀니지의 '쿠물러스' 프로젝트처럼 지역 특성을 살린 순환형 디자인들은 업사이클링이 단순한 미화 작업이 아닌 지역 생태계 전체를 고려한 통합적 접근임을 보여준다.

공공 미학: 모두를 위한 예술의 장

공공 미학은 예술이 특정 계층의 전유물이 아닌 모든 시민이 일상에서 향유할 수 있는 공통의 자산이라는 철학에서 출발한다. 도시 업사이클 프로젝트가 공공 미학의 새로운 모델로 주목받는 이유는 시민 참여와 소통을 통해 예술 창작이 이루어지기 때문이다.

거리 예술과 도시 재생의 결합은 이러한 공공 미학의 대표적 사례이다. 리스본의 '크르노 리스보아' 프로젝트가 도시 유산 지역을 그라피티 구역으로 지정하여 도시 재생을 추진한 것이나, 서울의 홍대 벽화 거리와

낙산 공공 미술 프로젝트가 성공을 거둔 것은 예술가와 지역민이 함께 만들어가는 창작 과정의 힘을 보여준다.

미래 도시적 측면에서 공공 미학은 도시의 사회적 지속 가능성을 담보하는 핵심 요소이다. 단순히 물리적 환경을 개선하는 것을 넘어, 시민들의 문화적 정체성과 소속감을 강화하며 지역 공동체의 결속력을 높인다. 문래동 예술촌의 공공 예술 실천이나 부산 모모스커피가 적산 가옥과 항구 풍경을 활용해 지역 특색을 살린 문화 공간을 만든 것은 이러한 가능성을 구체적으로 보여준다.

캔버스가 된 도시: 총체적 예술 공간으로의 전환

도시 전체가 캔버스가 된다는 것은 도시의 모든 요소가 예술적 창작의 매개체가 될 수 있다는 의미이다. 버려진 건물, 사용하지 않는 인프라, 폐기 예정인 자재가 모두 새로운 예술 작품의 재료가 된다. 이는 도시의 환경에 대한 예술적 이해를 근본적으로 바꾸는 접근이다.

나주 영산나루가 일제 시대 문서고 건물을 복합 문화 공간으로 재탄생시키면서 1910년대 건물의 역사성을 보전한 채 현대적 기능을 부여한 것은 시간의 층위가 공존하는 입체적 캔버스를 만든 사례이다. 이처럼 업사이클 프로젝트는 단순한 공간 재활용을 넘어 시간성과 역사성을 예술적 요소로 활용하는 4차원적 창작 활동이다.

백남준의 '다다익선'이 노후화된 CRT 모니터를 새로운 기술로 업그레이드하여 작품의 생명력을 연장한 것처럼, 도시 업사이클 프로젝트도 원형의 가치를 존중하면서도 시대적 요구에 맞는 기술적 혁신을 접목한다. 이는 과거와 현재, 미래가 조화롭게 공존하는 시간적 재생의 미학을 구현한다.

지속 가능한 재생의 조건

진정한 도시 재생이 성공하려면 겉과 속이 모두 업그레이드되어야 한다. 단순히 건물 외벽에 벽화를 그리는 것으로는 지속 가능한 변화를 만들 수 없다. 업사이클 프로젝트가 일회성 이벤트가 아닌 지속 가능한 도시 재생 모델이 되려면 지역 공동체의 참여와 경제적 자립 기반이 함께 구축되어야 한다.

순환 경제와 공공 미학이 만나는 접점에서 도시 업사이클 프로젝트는 환경적 지속 가능성, 경제적 실현 가능성, 사회적 포용성을 동시에 추구하는 통합적 해법을 제시한다. 이는 도시의 환경에 대한 예술적 이해가 단순한 미적 감상을 넘어 삶의 질 향상과 지역 발전이라는 실질적 가치 창출로 이어질 수 있음을 보여준다.

도시가 캔버스가 되고, 시민이 예술가가 되며, 버려진 것이 보물이 되는 업사이클 프로젝트의 세계에서, 재생은 단순한 복원이 아닌 진화의 과정이다. 이러한 재생의 미학을 통해 우리의 도시는 지속 가능하면서도 창조적인 미래를 향해 나아갈 수 있을 것이다.

2-4
| 미술 |

에코 캔버스로 가득한 길 위의 갤러리

디지털 정원과 공공 미술이 디자인한 도시 환경

도시가 품은 계획 속 '미술'이라는 언어는 도시 환경을 읽고 쓰는 핵심 문법으로 자리 잡고 있다. 문화로 가득 찬 21세기의 도시는 더 이상 기능과 효율만을 추구하는 냉정한 공간이 아니다. 길 위가 갤러리가 되고, 건물 외벽이 에코 캔버스로 변모하며, 디지털 정원과 공공 미술이 함께 만들어내는 새로운 도시 환경이 일상생활 중에 펼쳐지고 있다. 이는 단순한 도시 미화를 넘어, 도시의 환경에 대한 예술적 이해가 근본적으로 전환되고 있음을 의미한다.

미술이 된 도시: 길 위의 새로운 전시 공간

도시 전체가 하나의 거대한 미술관으로 변모하고 있다. 서울로

미디어캔버스가 밤하늘을 수놓은 현대 미술로 시민들에게 새로운 상상력을 제시하고, 도심 속에서 이뤄지는 여러 프로젝트가 과학과 예술을 연결하며 도시 공간에 새로운 의미를 부여하는 것은 이러한 변화의 상징적 사례이다. 길 위의 스크린에서 미술을 감상하고, 지하철역이 예술정원으로 탈바꿈하는 현실은 미술이 더 이상 전용 공간에 국한되지 않음을 보여준다.

교육적 관점에서 길 위의 갤러리는 미술 교육의 민주화를 실현한다. 미술관에 가야만 접할 수 있었던 예술 작품들이 일상의 동선 위에서 자연스럽게 만나지는 환경은 시민들의 미적 감수성을 일상적으로 자극한다. 피츠버그의 기념 및 공공 미술 시스템이 비콘 기술과 QR코드를 활용해 시민들이 손쉽게 작품 정보에 접근할 수 있게 한 것처럼, 기술과 미술의 결합은 예술 감상을 보다 친근하고 접근 가능한 경험으로 만들어낸다.

이러한 환경에서 자라나는 다음 세대는 미술을 특별한 것이 아닌 일상의 일부로 받아들이게 된다. 천안시청소년수련관의 '에코 아트 페스타'나 다양한 지역의 '길 위의 인문학' 프로그램들은 청소년들이 환경과 예술을 함께 사유할 수 있는 기회를 제공하며, 미술이 단순한 감상 대상이 아닌 사회 참여의 도구임을 일깨운다.

에코 캔버스: 환경과 미술의 창조적 만남

에코 캔버스라는 개념은 환경에 대한 관심과 미술적 표현이 결합된 새로운 창작 매체를 의미한다. 심다은 작가가 도시에서 버려진 낡은 도자기를 모아 '인간의 암석'으로 재탄생시킨 작업이나, 앞서 언급한 내용과 같이 폐차 안전벨트로 굴양식장을 조성한 태국의 '앙실라 굴 양식 파빌리온' 같은 프로젝트는 환경 문제를 미술적 언어로 번역하는 대표적 사례이다.

산업적 측면에서 에코 캔버스는 새로운 예술 시장을 창조하고 있다. 지속 가능한 재료를 활용한 미술 작품에 대한 수요가 증가하면서, 환경 친화적 미술 재료 개발부터 업사이클링 아트 마켓까지 다양한 산업 영역이 확장되고 있다. 서울시 관악구에 있는 가득아트갤러리가 ESG 경영을 실천하는 사회적 기업과 협력해 폐의류를 활용한 환경예술 활동을 주관하는 것처럼, 미술과 환경의 결합은 새로운 비즈니스 모델을 만들어내고 있다.

또한 이러한 트렌드는 전통적인 미술 시장의 구조도 변화시키고 있다. 작품의 심미적 가치뿐만 아니라 환경적 가치와 사회적 메시지가 중요한 평가 기준으로 부상하면서, 작가들은 더욱 창의적이고 의미 있는 작업 방식을 모색하게 된다.

디지털 정원: 기술과 자연의 미술적 융합

디지털 정원은 물리적 자연과 디지털 기술이 만나 새로운 미술적 경험을 창조하는 공간이다. 녹사평역 지하예술정원이 지하 공간에 자연을 끌어들여 예상치 못한 공간감을 연출하거나, 팀랩의 디지털 아트가 아부다비에서 자연의 신비와 현대 기술의 만남을 보여주는 것은 이러한 가능성을 구체화한 사례이다.

디자인적 관점에서 디지털 정원은 도시 공간의 활용법을 완전히 새롭게 정의한다. 한정된 물리적 공간 안에서 무한한 가상의 자연을 구현할 수 있는 기술적 가능성은 도시 설계의 패러다임을 바꾸고 있다. 건물의 벽면이나 지하 공간, 심지어 보도블록까지도 미술 작품이 펼쳐질 수 있는 캔버스가 되면서, 도시 전체의 미적 잠재력이 극대화되고 있다.

공공 미술의 재정의: 참여와 소통의 플랫폼

현대 도시의 공공 미술은 단순히 공공장소에 설치된 조형물이 아니다. 수잔 레이시가 정의한 '새 장르 공공 예술'처럼, 시민들의 삶과 직접 관련된 쟁점을 다루며 대화와 소통을 이끌어내는 사회·문화적 예술로 발전하고 있다.

미래 도시적 측면에서 공공 미술은 스마트시티의 인간적 온기를 제공하는 핵심 요소이다. 시드니가 스마트시티 전환 계획의 일환으로 16개의 새로운 공공 미술 시설을 조성한 것은 기술적 효율성만으로는 진정한 도시의 가치를 실현할 수 없음을 인식한 결과이다. 기술이 도시를 표준화하고 동일시하는 경향에 맞서, 공공 미술은 각 도시의 고유한 정체성과 문화적 가치를 부각시키는 역할을 한다.

인도 국가 정책 기구 수장 아미타 칸트는 "예술과 문화가 없는 똑똑한 도시는 없다."라고 주장했다. 이처럼 미술은 스마트시티가 추구하는

효율성과 기능성에 인간적 감성과 창조적 상상력을 더하는 필수적 요소인 것이다.

길 위의 갤러리가 만드는 새로운 도시 문화

길 위의 갤러리는 단순한 전시 공간을 넘어 새로운 도시 문화를 창조하는 플랫폼이다. 도시갤러리 프로젝트가 삭막하고 획일적인 도시 환경을 치유하고 '생산'하는 도시를 '생활'하는 도시로 탈바꿈시키려 하는 것처럼, 미술은 도시민의 삶의 질을 향상시키는 직접적 수단이 되고 있다.

종로구의 도심갤러리 아트윈도처럼 '한 평' 남짓한 작은 공간도 시민들에게 문화 예술을 전달하는 소중한 매개체가 될 수 있다. 이는 미술이 거창한 시설이나 큰 예산 없이도 시민들의 일상에 스며들 수 있음을 보여주는 사례이다.

통합적 도시 환경으로서의 미술

미래 도시에서 미술은 장식적 요소가 아닌 도시 환경의 필수 구성 요소로 자리 잡을 것이다. 에코 캔버스로 가득한 길 위의 갤러리는 환경 보호와 미적 감상, 사회적 소통과 경제적 가치 창출을 동시에 실현하는 통합적 접근의 결과물이다.

디지털 정원과 공공 미술이 디자인한 도시 환경에서, 미술은 단순한 예술 장르를 넘어 도시민의 삶을 풍요롭게 하고 환경 문제에 대한 인식을 높이며, 기술과 인간을 연결하는 매개체 역할을 한다. 이러한 도시에서 시민들은 단순한 거주자가 아닌 일상적으로 예술을 경험하고 창조에 참여하는 문화적 주체가 된다.

도시가 하나의 거대한 에코 캔버스가 되고, 모든 길이 갤러리가 되는 미래는 이미 우리 앞에 펼쳐지고 있다. 이는 도시의 환경에 대한 예술적 이해가 단순한 미화나 장식을 넘어, 지속 가능하고 인간적인 도시 공간을 만들어가는 근본적 방법론으로 자리 잡고 있음을 의미한다. 미술이 도시를 디자인하는 시대, 우리는 그 변화의 한복판에 서 있다.

2-5
| 음악 |

도시의 환경과 생태 교향곡

사운드 어바니즘과 도시 계획

도시가 품은 환경 계획 속에는 '음악'이라는 언어도 존재한다. 21세기 도시 계획가들은 단순히 시각적 공간만을 설계하는 것이 아니라, 도시가 만들어내는 소리의 풍경, 즉 사운드스케이프를 통해 도시 전체를 하나의 거대한 생태 교향곡으로 작곡하고 있다. 이는 도시의 환경에 대한 예술적 이해가 청각적 차원으로 확장되며, 소음을 자원으로 전환하는 혁신적 접근법이다.

음악이 된 도시: 사운드스케이프의 탄생

캐나다의 머레이 쉐이퍼가 제안한 사운드스케이프 개념은 도시의 소음을 단순히 제거해야 할 '폐기물(Waste)'이 아닌 활용 가능한 '자원

(Resource)'으로 바라보는 패러다임의 전환을 의미한다. 이는 마치 현대 음악가들이 일상의 소음을 음악적 재료로 활용하듯이, 도시 계획가들도 교통 소음, 기계음, 자연음을 조화롭게 배치하여 도시 전체를 하나의 음악 작품으로 만들어가는 과정이다.

교육적 관점에서 사운드 어바니즘은 시민들의 청각적 감수성을 기르는 새로운 교육 플랫폼을 제공한다. 독일 베를린 Nauener Park의

사례에서 보듯이, 공원 리모델링 과정에서 다양한 계층의 시민들이 참여하여 자신들이 원하는 소리와 원하지 않는 소리를 구분하고, 물소리와 새소리 등 자연음을 시설물에 삽입하는 과정은 시민들에게 환경에 대한 청각적 인식을 높이는 살아 있는 교육이다.

백남준의 '도시의 소리 음악이 되다'라는 작품 제목처럼, 도시의 모든 소리가 음악이 될 수 있다는 인식은 시민들이 도시 환경을 새로운 관점에서 바라보게 한다. 후쿠오카시의 '소리 100선' 프로젝트나 '좋은 소리지도' 작성 과정은 시민들이 일상에서 접하는 소리를 의식적으로 들여다보고 평가하게 함으로써, 청각적 환경 의식을 기르는 중요한 교육적 효과를 만들어낸다.

산업적 혁신: 사운드 디자인 경제의 등장

사운드 어바니즘은 새로운 산업 영역을 창출하고 있다. 음향 설계 전문가, 사운드스케이프 디자이너, 환경 음향 컨설턴트 등 전문 직군이 등장하면서 도시 계획 산업의 범위가 확장되고 있다. 이탈리아의 소닉 가든 프로젝트나 LA 벙커 힐 스텝의 폭포 분수 시스템처럼, 기술과 예술이 결합한 음향 시설물 제작 및 설치 산업이 성장하고 있다.

특히 도시 브랜딩 관점에서 사운드 디자인은 중요한 경쟁 요소가 되고 있다. 서울과 도쿄의 지하철 음향 환경 비교 연구에서 나타나듯이, 각 도시만의 고유한 사운드 아이덴티티는 관광 자원이자 도시 경쟁력의 핵심 요소로 부상하고 있다. 도시 고유의 환경음 개발은 새로운 창조 산업의 영역을 만들어내고 있다.

또한 스마트시티 기술과의 융합을 통해 실시간 소음 모니터링, 적응형 사운드 마스킹 시스템, AI 기반 음향 환경 최적화 등 첨단 기술 기반의 사운드 어바니즘 솔루션이 개발되고 있다. 이는 전통적인 건설업과 IT산업이 만나는 새로운 융합 산업 영역을 창출하고 있다.

디자인적 접근: 청각적 공간 설계의 미학

사운드 어바니즘의 디자인적 접근은 공간을 시각적 요소뿐만 아니라 청각적 요소로도 설계한다는 점에서 혁신적이다. 런던의 Organ of Corti sound sculpture처럼 주변 소음을 음악으로 재활용하는 설치 조형물이나, 베를린 공원의 돌담과 벤치에 자연음을 삽입한 사례는 건축물과 조경이 동시에 음향 악기가 되는 새로운 디자인 패러다임을 보여준다.

후쿠오카 식물원이 시각적 요소와 청각적 요소를 함께 분석하여 공간을 구성한 것처럼, 현대 조경 설계에서는 색채와 형태뿐만 아니라 소리의 조화도 중요한 설계 요소가 되고 있다. 분수의 물소리, 바람에 흔들리는 나뭇잎 소리, 새들의 지저귐이 모두 의도적으로 설계된 음향 요소로 활용된다.

　이러한 접근은 공감각적 공간 경험을 만들어낸다. 시각 장애인을 위한 사인음 디자인에서 나아가, 모든 시민이 청각을 통해서도 공간의 성격과 기능을 인지할 수 있는 포용적 디자인으로 발전하고 있다. 지하철역의 승강장별 고유음이나 공원 구역별 특색 있는 환경음은 시민들이 공간을 보다 입체적으로 인식할 수 있게 한다.

미래 도시적 비전: 생태 교향곡으로서의 도시

미래 도시는 하나의 거대한 생태 교향곡이 될 것이다. 도시의 각 구역이 서로 다른 악장을 연주하면서도 전체적으로는 조화로운 음악을 만들어내는 구조를 갖게 될 것이다. 주거 지역의 고요한 현악기 선율, 상업 지역의 역동적인 금관악기 소리, 공원의 자연스러운 목관악기 음색이 어우러져 도시 전체의 교향곡을 완성하는 것이다.

사운드 어바니즘의 미래는 생태 음악학과 밀접하게 연결되어 있다. 기후 변화와 환경 문제에 대응하는 도시 계획에서 음악적 접근은 중요한 역할을 할 것이다. 도시의 생물 다양성을 소리로 모니터링하고, 새소리나 곤충 소리의 변화를 통해 생태계 건강성을 진단하며, 이를 바탕으로 도시 환경 정책을 수립하는 시스템이 구축될 것이다.

또한 시민 참여형 사운드스케이프 설계가 확산될 것이다. 스마트폰 앱을 통해 시민들이 자신이 선호하는 환경음을 투표하거나, AI가 개인의 청각적 선호도를 학습하여 맞춤형 음향 환경을 제공하는 기술이 발전할 것이다. 이는 도시 계획의 민주화와 개인화를 동시에 실현하는 새로운 거버넌스 모델을 만들어낼 것이다.

음악적 사고의 도시 계획 적용

사운드 어바니즘은 음악의 기본 원리인 리듬, 멜로디, 하모니를 도시 계획에 적용한다. 교통 신호의 리듬감, 건축물 배치의 멜로디 라인,

서로 다른 기능 구역 간의 하모니가 도시 전체의 음악적 질서를 만들어낸다.

사운드 마스킹 기법은 음악의 대위법과 유사한 원리를 적용한다. 원하지 않는 소음을 완전히 제거하는 대신, 더 선호하는 소리로 덮어씌워 전체적인 음향 환경을 개선하는 것이다. 이는 마치 오케스트라에서 여러 악기가 조화를 이루면서도 각각의 개성을 유지하는 것과 같은 원리다.

도시의 시간성도 음악적으로 설계된다. 아침의 새소리와 출근 시간의 교통음, 낮의 활동음과 저녁의 휴식음이 하루라는 시간 축 위에서 자연스럽게 변화하며 도시의 일일 교향곡을 완성한다. 계절별 소리 변화까지 고려하면 도시는 1년 주기의 거대한 음악 작품이 된다.

통합적 접근: 환경과 예술의 만남

사운드 어바니즘은 환경 보호와 예술적 창조를 동시에 추구하는 통합적 접근법이다. 소음 공해를 예술적으로 해결하고, 생태계의 소리를 보전하며, 인공적 환경음을 창조적으로 디자인하는 과정에서 도시는 살아 있는 음악 작품이 된다.

이러한 접근은 도시민들에게 환경 문제를 음악적 언어로 소통할 수 있는 새로운 방법을 제공한다. 소음 지도 대신 음악 지도를, 소음 규제 대신 음향 조화를, 소음 방지 대신 소리 창조를 추구하는 것이다.

도시의 환경과 생태 교향곡은 이제 시작에 불과하다. 음악이 도시 계획의 핵심 요소가 되는 미래에서, 우리는 모두 이 거대한 도시 오케스트라의 연주자이자 관객이 될 것이다. 사운드 어바니즘을 통해 만들어지는 새로운 도시는 시각적 아름다움뿐만 아니라 청각적 조화로움까지 갖춘 진정한 예술 작품이 될 것이다.

2-6
| 보건 |

공공 예술이 만들어낸 도시의 처방전

행동 유도를 추구한 건강 도시

　도시의 치밀한 계획 속에는 '보건'이라는 시스템이 존재하고 이는 공공 예술을 통해 시민들의 일상에 스며들고 있다. 21세기 도시 계획가들은 단순히 아름다운 공간을 만드는 것을 넘어, 시민들의 건강한 행동을 자연스럽게 유도하는 예술적 처방전을 도시 곳곳에 배치하고 있다. 이는 도시의 환경에 대한 예술적 이해가 치료적 관점으로 확장되며, 공공 예술이 도시민의 정신적·신체적 건강을 증진하는 실질적 도구로 진화하고 있음을 의미한다.

보건이 된 예술: 치유 공간으로서의 도시

　세계보건기구(WHO)가 강조한 바 있듯, 예술 활동 참여는 건강 증진,

질병 예방, 다양한 생애 단계에 걸친 질환 치료 지원에 중요한 역할을 한다. 서울예술치유허브의 설립이나 전국적으로 확산되고 있는 도시 숲 예술 치유 프로그램은 이러한 인식 변화를 반영하는 구체적 사례이다. 공공 예술이 단순한 장식이 아닌 시민들의 심리적 안정과 고통 경감을 위한 치료적 매개체로 기능하고 있는 것이다.

교육적 관점에서 보건 중심의 공공 예술은 시민들에게 건강에 대한 새로운 인식을 제공한다. 전통적인 의료 모델이 질병 치료에 집중했다면, 예술을 활용한 건강 증진은 예방적 접근법을 통해 시민들이 일상에서 자연스럽게 건강한 선택을 할 수 있도록 돕는다.

걷기를 장려하는 바닥 픽토그램, 채식을 권장하는 인터랙티브 설치물, 감염병 예방을 위한 시각적 안내 시스템 등은 모두 교육적 효과를 가진 예술적 개입이다. 이러한 작품들은 시민들이 무의식적으로 건강한 행동을 학습하게 하며, 특히 어린이들에게는 놀이를 통한 자연스러운 건강 교육의 기회를 제공한다.

넛지 효과를 활용한 공공디자인의 확산은 이러한 교육적 접근의 발전된 형태이다. 강제나 처벌이 아닌 자연스러운 유도를 통해 시민들이 스스로 건강한 선택을 하게 만드는 것은 예술이 가진 감성적 힘과 행동 경제학의 과학적 접근이 만나는 지점이다.

산업적 혁신: 헬스케어 아트의 새로운 시장

공공 예술과 보건의 결합은 새로운 산업 영역을 창출하고 있다. 예술 치료사, 의료 기관 공간 디자이너, 건강 행동 유도 전문가 등 전문 직군이 등장하면서 헬스케어 아트 시장이 급속히 성장하고 있다. 미술관의 자연스러운 걷기 유도 건축 구조나 병원의 치유적 미술 공간 설계는 이미 해외에서는 하나의 전문 분야로 자리 잡고 있다. 특히 고령화 사회에 접어들면서 인지 건강을 돕는 일상 디자인의 필요성이 급증하고 있다. 싱가포르의 해크 케어 프로젝트처럼 치매 예방과 인지 기능 향상을 위한 예술적 환경 설계는 새로운 블루오션으로 부상하고 있다. 이는 단순한 의료 서비스를 넘어 예술, 디자인, 의학, 심리학이 융합된 통합적 접근이 요구되는 영역이다.

또한 스마트 헬스케어 기술과의 융합을 통해 개인 맞춤형 예술 치료 솔루션도 개발되고 있다. 실시간 바이오 데이터를 수집하여 개인의

스트레스 상태에 따라 조명이나 음향, 시각적 요소를 자동으로 조절하는 반응형 치유 공간은 미래 헬스케어 아트 산업의 핵심 트렌드가 될 것이다.

디자인적 접근: 행동 변화를 위한 예술적 개입

보건 중심의 공공 예술은 행동 경제학의 원리를 예술적으로 구현한다. 서울시의 감염병 대응 디자인이 독일 iF 디자인 어워드를 수상한 것처럼, 시민들의 건강 행동 유도를 위한 표준화된 예술적 디자인이 국제적으로 인정받고 있다.

스마일 프로젝트가 빗물받이 쓰레기 투척 문제를 행동 유도 디자인으로 해결한 사례나, 노란발자국과 바닥 신호등을 통해 스마트폰 사용자들의 안전한 횡단보도 이용을 유도한 사례는 예술이 단순한 미화를 넘어 실질적인 행동 변화를 만들어내는 힘을 보여준다.

의료 공간에서의 예술적 개입은 더욱 직접적이다. 환자들이 심리적으로 불안전한 치료 환경에서 벗어나 상징적 경험을 통해 행동 변화를 유도할 수 있는 공간 디자인은 진단, 개입, 완치 등 의학적 접근과 연계되어 치료 효과를 극대화한다. 병원 벽면의 자연 이미지, 대기실의 인터랙티브 아트, 치료실의 색채 치료 등은 모두 환자의 심리적 안정과 치료 의지를 높이는 예술적 처방전 역할을 한다.

미래 도시적 비전: 예방적 건강 도시의 구현

미래의 건강 도시는 질병을 치료하는 병원이 아닌, 질병을 예방하는 거대한 치유 공간이 될 것이다. 도시 전체가 시민들의 정신적·신체적 건강을 증진하는 하나의 통합된 치료 환경으로 설계되는 것이다.

사회적 질병으로 부상한 외로움 문제에 대응하는 문화적 치유 정책이나, 코로나19 이후 회복력 있는 도시 디자인의 필요성은 이러한 미래

비전을 현실로 만들어가고 있다. 공공 예술을 통해 외롭거나 혼자 사는 이들의 고립감과 소외감을 줄이고, 지역 주민의 정신 건강을 관리하는 것은 이제 도시 정책의 핵심 과제가 되었다.

영국의 사회적 처방(Social Prescribing) 모델처럼, 의사가 약물 대신 자원봉사, 예술 활동, 그룹 학습, 정원 가꾸기 등을 처방하는 시스템이 확산되고 있다. 이는 도시 공간 자체가 거대한 치료실이 되어, 시민들이 일상에서 만나는 모든 예술적 요소가 건강 증진을 위한 처방전 역할을 하게 됨을 의미한다.

통합적 건강 생태계: 예술과 의학의 융합

공공 예술이 만들어내는 도시의 처방전은 예술과 의학, 도시 계획과 보건 정책이 통합된 새로운 건강 생태계를 구축한다. 북미 지역의 사례에서 보듯이, 기존에 개별적으로 논의되던 보건 분야와 도시 계획이 한목소리를 내며 구체적인 건강 증진 프로그램을 시작하고 있다.

경증 치매 노인을 위한 미술관 융합 교육이나 중장년 대상 도시숲 예술 치유 프로그램은 이미 예술이 의료적 개입의 중요한 도구로 활용되고 있음을 보여준다. 특히 행동 교정과 예술 치료, 상담 및 심리 치유를 중점으로 하는 융합형 치료 프로그램들은 전통적인 의료 서비스의 한계를 보완하는 효과적인 대안으로 입증되고 있다.

처방전으로서의 공공 예술

공공 예술이 도시의 처방전이 되는 것은 단순히 아름다운 환경을 조성하는 것을 넘어선다. 그것은 시민들의 일상에 건강한 습관을 자연스럽게 스며들게 하고, 스트레스를 줄이며, 사회적 연결감을 높이고, 정신적 회복력을 기르는 통합적 접근법이다.

앞으로 도시의 모든 공공 예술 작품은 미적 가치와 함께 치료적 효과를 고려하여 설계될 것이다. 공원의 조각상은 명상과 성찰을 유도하고, 지하철역의 벽화는 출퇴근 스트레스를 완화하며, 횡단보도의 바닥 그래픽은 안전한 보행 습관을 기르게 할 것이다.

이러한 변화는 도시민 모두가 환자이자 동시에 치료자가 되는 새로운 도시 생태계를 만들어낼 것이다. 공공 예술을 통해 서로의 마음을 위로하고, 건강한 행동을 격려하며, 공동체의 회복력을 높여가는 것이다.

공공 예술이 만들어낸 도시의 처방전은 이제 선택이 아닌 필수가 되었다. 보건이 예술과 만나 도시 전체를 치유 공간으로 변화시키는 이 혁신적 접근법을 통해, 우리는 모든 시민이 건강하고 행복한 삶을 영위할 수 있는 진정한 건강 도시를 만들어갈 수 있을 것이다.

2-7
| 주거 |

공유 경제와 공유 주거, 15분 도시 주거

라이프스타일의 사회 연결망

　현대 도시가 마주한 주거 위기는 단순히 공간의 부족만이 아니다. 급속한 도시화와 개인화가 진행되면서 우리는 '어떻게 살 것인가'라는 근본적 질문에 직면하고 있다. 이러한 시대적 변곡점에서 등장한 '공유 경제와 공유 주거', 그리고 '15분 도시' 개념은 주거를 둘러싼 새로운 패러다임을 제시한다. 이는 단순한 공간의 재배치가 아닌, 도시 환경에 대한 예술적 이해를 바탕으로 한 라이프스타일의 사회 연결망 구축을 의미한다.

공유 경제 시대의 주거 철학

　공유 경제는 소유에서 접근으로, 개별에서 연결로 가치 체계를

전환시켰다. 주거 영역에서 이러한 변화는 특히 1인 가구가 전체 가구의 40%를 넘어선 한국 사회에서 더욱 의미가 깊다. 전통적인 주거 개념이 '나만의 완전한 공간'을 추구했다면, 공유 주거는 '나다운 삶을 위한 유연한 공간'을 지향한다.

셰어하우스, 코리빙 하우스 등 새로운 주거 형태는 단순한 공간 공유를 넘어서 라이프스타일 큐레이션의 장으로 기능한다.

이들 공간에서는 개인의 프라이버시가 확보된 독립적 공간과 함께 공동체적 가치를 실현하는 공유 공간이 조화를 이룬다. 주방에서는 요리를 통한 문화적 교류가, 라운지에서는 지식과 경험의 공유가, 루프탑에서는 도시를 바라보는 새로운 시선이 형성된다.

이러한 공간 구성에는 도시 환경에 대한 예술적 이해가 깊이 반영되어 있다. 높은 층고를 활용한 벽면 도서관, 자연광을 극대화한 공동 작업 공간, 도시 스카이라인을 배경으로 한 휴식 공간 등은 기능적 효율성과 미적 감성이 조화된 결과물이다. 이는 단순히 공간을 나누어 쓰는 것이 아니라, 도시 환경 자체를 하나의 예술 작품으로 인식하고 그 안에서 개인의 삶을 풍요롭게 만드는 디자인 철학을 담고 있다.

교육적 측면: 새로운 학습 공동체의 형성

공유 주거는 현대 사회의 평생학습 패러다임과 맞닿아 있다. 다양한 배경과 전문성을 가진 입주자들이 모여 자연스럽게 형성되는 학습 네트워크는 기존 교육 시스템의 한계를 보완한다. 스타트업 창업자와 예술가, 개발자와 마케터가 한 공간에서 생활하면서 만들어지는 지식의 교차점은 혁신적 아이디어의 온상이 된다.

특히 주목할 만한 것은 '경험적 학습'의 확산이다. 공유 주거 공간에서는 요리, 원예, DIY 작업 등 일상적 활동을 통해 실용적 지식이 자연스럽게 전수된다. 이는 책상 앞 교육에서 벗어나 몸으로 체득하는 교육의 가능성을 보여준다. 또한 다문화적 배경을 가진 거주자들 간의 교류는 글로벌 시대에 필요한 문화적 이해력과 소통 능력을 기르는 살아 있는 교육장 역할을 한다.

산업적 측면: 새로운 가치 창출과 일자리 창출

공유 주거 산업은 전통적인 부동산 업계에 새로운 바람을 불어넣고 있다. 단순한 임대업에서 벗어나 공간 기획, 커뮤니티 관리, 라이프스타일

큐레이션 등 다양한 서비스가 통합된 새로운 비즈니스 모델이 등장했다. 이는 고용 창출 효과도 가져왔다. 커뮤니티 매니저, 공간 디자이너, 이벤트 기획자 등 기존에 없던 직업군이 생겨나면서 젊은 세대에게 새로운 일자리 기회를 제공하고 있다.

더 나아가 공유 주거는 도시 재생의 새로운 동력으로 주목받고 있다. 기존의 낙후된 지역에 공유 주거 시설이 들어서면서 주변 상권이 활성화되고, 지역 문화가 새롭게 조명받는 사례가 늘고 있다. 이는 단순한 물리적 개발을 넘어 지역의 사회적·문화적 자본을 축적하는 지속 가능한 발전 모델을 제시한다.

디자인적 측면: 공간의 유연성과 개별성의 조화

공유 주거 공간 디자인에서 가장 중요한 과제는 개별성과 공동성의 균형이다. 이를 위해 모듈화된 가구 시스템, 가변형 벽체, 다목적 공간 등의 혁신적 디자인 솔루션이 개발되고 있다. 삼성물산의 '넥스트 홈' 프로젝트에서 제시한 '인필(In-Fill) 시스템'처럼, 거주자의 라이프스타일 변화에 따라 공간을 자유자재로 재구성할 수 있는 기술은 미래 주거의 가능성을 보여준다.

특히 주목할 만한 것은 '무빙 수납장'과 '벽체 매립형 가구' 등을 통한 공간 활용의 극대화이다. 이러한 디자인 요소는 제한된 도시 공간에서 최대한의 기능성을 확보하면서도 미적 완성도를 놓치지 않는다. 또한 자연 소재와 첨단 기술의 조화, 개인 공간과 공유 공간 간의 시각적 연결성 확보 등을 통해 도시 환경에 대한 예술적 해석을 공간 곳곳에 녹여내고 있다.

15분 도시: 근린 중심의 생활 혁명

15분 도시 개념은 공유 주거와 만나 더욱 완성된 미래 도시 모델을 제시한다. 파리시가 추진하고 있는 15분 도시 정책은 단순히 물리적 거리를

줄이는 것이 아니라, 근린 단위의 생활권을 중심으로 도시를 재조직하는 혁명적 발상이다. 집에서 도보 15분 이내에 직장, 학교, 병원, 문화 시설, 상점 등 일상생활에 필요한 모든 시설에 접근할 수 있도록 하는 이 모델은 삶의 질을 근본적으로 향상시킨다.

이러한 도시 구조에서 공유 주거는 단순한 잠자리를 넘어 지역 커뮤니티의 허브 역할을 한다. 1층에는 카페나 공유 오피스가, 옥상에는 도시 농업 공간이 마련되면서 거주민들의 다양한 라이프스타일을 지원하는 동시에 지역 주민들과의 접점을 만들어낸다. 이는 도시 환경을 하나의 유기체로 인식하고, 그 안에서 개인과 공동체가 조화롭게 공존하는 예술적 비전을 실현하는 것이다.

미래 도시적 측면: 지속 가능한 도시 생태계

기후 변화와 자원 고갈이 현실화하는 시대에, 공유 경제 기반의 주거 모델은 지속 가능한 도시 발전의 핵심 요소로 부상하고 있다. 공유를 통한 자원 효율성 증대, 대중교통 및 도보·자전거 중심의 교통 체계 구축, 에너지 효율적인 건축 디자인 등은 모두 환경적 지속 가능성을 추구하는 미래 도시의 필수 요소이다. 특히 스마트 기술과의 결합을 통해 이러한 가능성은 더욱 확장된다. IoT 센서를 통한 에너지 사용량 최적화, AI 기반 커뮤니티 매칭 시스템, 블록체인을 활용한 공유 자원 관리 등은 기술과 인간, 환경이 조화를 이루는 새로운 도시 생태계를 만들어가고 있다.

라이프스타일의 사회 연결망: 새로운 공동체의 탄생

결국 공유 경제와 공유 주거, 15분 도시로 이어지는 이 모든 변화의 핵심은 '라이프스타일의 사회 연결망' 형성에 있다. 개인의 취향과 가치관을 존중하면서도 타인과의 의미 있는 연결을 추구하는 새로운 형태의 공동체가 탄생하고 있는 것이다.

이러한 공동체는 기존의 혈연이나 지연 중심의 관계를 넘어서 관심사와 가치관, 라이프스타일을 공유하는 사람들 간의 자발적 연대를 기반으로 한다. SNS와 같은 온라인 네트워킹과 오프라인 공간에서의 실제적 만남이 결합하면서, 디지털 시대에 적합한 새로운 형태의 사회적 유대가 형성되고 있다.

도시 환경의 예술적 재해석

이 모든 변화의 근저에는 도시 환경에 대한 예술적 이해가 자리 잡고 있다. 도시를 단순한 기능적 공간이 아닌 하나의 종합 예술품으로 바라보는 시각, 건축물과 공간, 사람과 커뮤니티가 어우러져 만들어내는 도시적 서사를 중시하는 관점이 새로운 주거 문화를 이끌고 있다.

콘크리트와 강철로 이루어진 차가운 도시 공간에 인간적 온기와 예술적 감성을 불어넣고, 개인의 창의성과 공동체의 협력이 꽃피울 수 있는 환경을 조성하는 것. 이것이 바로 현재 우리가 목격하고 있는 주거 혁명의 본질이다.

2-8
| 생활 |

도시 환경이 설계한
24시간 라이프

지속 가능 생활도시

새벽 5시 30분, 싱가포르 마리나베이 지역의 IoT 센서가 일제히 작동을 시작한다. 대기질을 측정하고, 교통량을 예측하며, 냉각수 시스템을 가동해 하루 종일 지속될 열대의 무더위에 대비한다. 동시에 파리 15분 도시의 곳곳에서는 자전거 공유 시스템이 하루의 첫 번째 사이클을 시작하고, 근린 상권의 베이커리에서는 갓 구운 빵 냄새가 거리로 스며든다. 이것이 바로 현대 도시가 설계한 24시간 라이프의 시작이다.

우리는 더 이상 도시를 단순한 물리적 공간으로 이해할 수 없다. 도시는 시간의 흐름 속에서 끊임없이 변화하는 살아 있는 유기체이며, 그 안에서 펼쳐지는 생활은 정교하게 설계된 예술 작품과 같다. 24시간이라는 시간의 캔버스 위에 기술과 디자인, 인간의 생활이 어우러져 만들어내는 이 복합적 작품이야말로 도시 환경에 대한 진정한 예술적 이해의 결과물이다.

시간성을 품은 도시 공간의 예술적 재해석

도시의 시간성은 단순한 시계의 바늘 움직임을 의미하지 않는다. 그것은 공간 안에서 펼쳐지는 사건들의 연속이며, 사용자의 체험이 축적되어 만들어지는 살아 있는 기억이다. 아침 7시의 지하철역과 밤 10시의 같은 공간은 완전히 다른 성격을 갖는다. 출근길 승객들로 가득한 플랫폼은 역동적 에너지의 무대가 되고, 늦은 밤 홀로 기다리는 승객을 품은 같은 공간은 고요한 성찰의 방이 된다.

이러한 시간성에 기반한 공간 디자인은 현대 도시 계획의 새로운 패러다임을 제시한다. 뉴욕의 Link NYC 프로젝트처럼 24시간 무료 Wi-Fi망을 구축하여 공공 공간이 밤낮 가리지 않고 시민들의 디지털 생활 허브 역할을 하도록 설계하거나, 서울의 동대문디자인플라자(DDP)처럼 낮에는 전시 공간으로, 밤에는 도시의 랜드마크 조명으로 기능하는 다층적 공간 활용이 그 예다.

특히 주목할 만한 것은 도시 환경 자체가 하나의 예술적 매체로 기능한다는 점이다. 건축가 장 누벨(Jean Nouvel)이 "건축은 그 시대의 문화를 투영하는 예술"이라고 말했듯이, 현대 도시의 24시간 생활 패턴은 우리 시대의 문화적 DNA를 고스란히 담고 있다.

교육적 측면: 생활 속 학습 생태계의 진화
24시간 도시 환경은 전통적인 교육 개념을 근본적으로 변화시키고 있다. 지속 가능 발전 교육(ESD)의 관점에서 보면, 도시 자체가 거대한 학습장이 되어 시민들이 자연스럽게 환경 의식과 지속 가능한 생활 습관을 체득할 수 있도록 설계되고 있다.

싱가포르의 Punggol 스마트 타운 같은 경우, 주거 지역 전체가 IoT 센서와 연결되어 주민들이 실시간으로 에너지 사용량, 물 사용량, 폐기물 배출량을 모니터링할 수 있다. 이는 단순한 정보 제공을 넘어서 주민들이 자신의 생활 패턴이 환경에 미치는 영향을 직관적으로 이해하고 개선할 수 있는 '체험적 환경 교육' 시스템이다.

또한 24시간 접근 가능한 디지털 도서관, 언제든 참여할 수 있는 온라인 시민교육 프로그램, 새벽이나 심야에도 운영되는 커뮤니티 학습 공간 등은 기존의 제한적 시간대 교육에서 벗어나 개인의 생활 리듬에 맞춘 평생 학습을 가능하게 한다. 이는 특히 교대 근무자, 돌봄 노동자, 야간 업무 종사자 등 다양한 생활 패턴을 가진 시민들에게 교육 접근성을 보장하는 포용적 교육 환경을 만들어낸다.

산업적 측면: 시간 경제와 새로운 가치 창출

도시의 24시간 생활 패턴은 '시간 경제(Time Economy)'라는 새로운 산업 영역을 창출하고 있다. 전통적으로 밤 시간대에 활동이 제한되었던 많은 서비스업이 24시간 체제로 전환되면서 새로운 일자리가 생겨나고 있다. 24시간 무인 카페, 심야 배송 서비스, 새벽 피트니스 클래스, 야간 도시 농업 프로그램 등이 그 예이다.

특히 주목할 만한 것은 '비동기 경제(Asynchronous Economy)'의 등장이다. 서로 다른 시간대에 활동하는 사람들이 같은 공간과 자원을 효율적으로 공유하는 새로운 경제 모델이 나타나고 있다. 낮에는 코워킹 스페이스로, 밤에는 온라인 스트리밍 스튜디오로 활용되는 공간이나, 출근 시간대에는 통근 차량으로, 주말에는 레저용 차량으로 활용되는 모빌리티 서비스가 그 사례이다.

이러한 변화는 단순한 시간 연장을 넘어서 자원의 효율적 활용과 지속 가능한 소비 패턴을 만들어내고 있다. 같은 공간과 시설을 24시간 활용함으로써 도시의 공간 효율성을 극대화하고, 궁극적으로는 도시 확장에 따른 환경 부담을 줄이는 효과를 가져온다.

디자인적 측면: 적응형 공간의 미학

24시간 도시 생활을 위한 공간 디자인에서 가장 중요한 요소는 '적응성(Adaptability)'이다. 시간에 따라 변화하는 사용자의 니즈에 맞춰 공간의 성격과 기능이 유연하게 변화할 수 있어야 한다. 이는 기존의 고정적 공간 개념을 넘어서 '유동적 공간 디자인'이라는 새로운 패러다임을 요구한다.

가변형 조명 시스템이 그 대표적 예이다. 낮에는 자연광과 조화를 이루는 차분한 조명으로, 저녁에는 활동성을 북돋우는 밝고 따뜻한 조명으로, 밤늦은 시간에는 안정감을 주는 부드러운 조명으로 변화하는 시스템은 단순히 밝기를 조절하는 것이 아니라 공간의 감정적 톤을 조율하는 예술적 장치이다.

또한 '무빙 퍼니처(Moving Furniture)' 개념의 도입으로 같은 공간이 시간대별로 카페, 회의실, 휴게실, 문화 공간으로 변신할 수 있게 되었다. 이러한 디자인 요소는 제한된 도시 공간을 최대한 활용하면서도 사용자에게 매번 새로운 공간 경험을 제공한다.

특히 바이오필릭 디자인(Biophilic Design)의 관점에서, 24시간 운영되는 도시 공간에 자연 요소를 통합하는 시도가 주목받고 있다. 실내 정원, 자연광 시뮬레이션 시스템, 자연 소음(물소리, 새소리 등) 재생 장치 등을 통해 도시의 인공적 환경 속에서도 자연과의 연결감을 유지할 수 있도록 설계되고 있다.

미래 도시적 측면: 지속 가능성과 회복력의 통합

24시간 도시 운영은 지속 가능성 측면에서 양면성을 갖는다. 한편으로는 에너지 소비 증대와 환경 부담 가중의 우려가 있지만, 다른 한편으로는 자원의 효율적 활용과 탄소 발자국 감소의 가능성을 제시한다. 핵심은 어떻게 설계하느냐에 있다.

싱가포르의 마리나베이 지역처럼 지역 냉방 시스템(District Cooling System)을 도입하여 개별 건물이 아닌 지역 단위로 에너지를 관리하면, 24시간 운영에도 불구하고 전체적인 에너지 효율성을 높일 수 있다. 또한 AI 기반 예측 시스템을 통해 시간대별 에너지 수요를 정확히 예측하고 신재생 에너지와 연계하여 최적의 에너지 믹스를 구현할 수 있다.

더 나아가 24시간 도시는 기후 변화에 대한 도시의 회복력(Resilience)을 강화하는 역할을 한다. 극한 기후 상황에서도 시민들이 안전하게 대피하고 필요한 서비스를 받을 수 있는 24시간 비상 대응 체계가

구축되어 있기 때문이다. 폭염, 한파, 태풍 등의 상황에서 언제든 접근 가능한 공공 대피소, 24시간 의료 서비스, 비상 교통수단 등이 그 예다.

생활의 재정의: 개인화된 도시 리듬

24시간 도시 환경이 가져온 가장 근본적인 변화는 '생활'에 대한 정의 자체의 확장이다. 과거의 획일적인 9 to 5 생활 패턴에서 벗어나 개인의 생체 리듬, 직업적 특성, 가족 상황, 개인적 선호에 따라 자신만의 도시 생활 리듬을 만들어갈 수 있게 되었다.

새벽형 인간은 오전 5시에 피트니스 센터에서 운동을 시작하고, 올빼미족은 밤 11시에 도서관에서 공부를 시작할 수 있다. 육아맘은 아이가 잠든 늦은 밤에 온라인 강의를 듣고, 교대 근무 직장인은 오후 시간대의 한적한 카페에서 여유로운 브런치를 즐길 수 있다. 이는 단순한 편의 제공을 넘어서 개인의 삶의 질을 근본적으로 향상시키는 사회적 인프라의 진화이다.

사회적 연결과 고립의 역설

하지만 24시간 도시는 새로운 사회적 과제도 제기한다. 시간대별로 분산된 생활 패턴이 사회적 연결감을 약화시킬 수 있다는 우려가 그것이다. 이를 해결하기 위해 '시간 초월적 커뮤니티(Time-Transcendent Community)' 개념이 등장하고 있다.

온라인과 오프라인을 넘나들며 시간대에 관계없이 같은 관심사를 가진 사람들이 연결될 수 있는 플랫폼, 24시간 운영되는 커뮤니티 센터에서 시간대별로 다른 프로그램을 운영하되 참가자들 간의 교류는 지속적으로 이어질 수 있는 시스템 등이 개발되고 있다.

예술적 도시 생활의 완성

결국 24시간 도시 환경이 설계한 라이프는 시간과 공간, 기술과 인간성, 개인의 자유와 공동체적 가치가 조화를 이루는 종합 예술품이다. 이는 도시를 단순한 기능적 공간으로 보는 관점을 넘어서, 도시 환경 자체를 하나의 예술적 매체로 인식하고 그 안에서 펼쳐지는 일상을 예술적으로 큐레이션하는 새로운 도시 문화의 탄생을 의미한다.

싱가포르의 IoT 센서가 수집하는 데이터는 단순한 정보가 아니라 도시의 호흡을 기록하는 디지털 시(詩)이고, 파리 15분 도시의 자전거

도로는 단순한 교통 인프라가 아니라 시민들의 일상을 연결하는 생활의 동맥이다. 서울의 24시간 공공 Wi-Fi는 단순한 통신 서비스가 아니라 디지털 시대 시민권의 물리적 구현체이다.

지속 가능 생활 도시의 미래

지속 가능한 24시간 도시의 핵심은 '절제된 풍요로움'에 있다. 언제든 접근 가능한 서비스와 편의시설을 제공하되, 그것이 환경에 미치는 영향을 최소화하고 사회적 형평성을 보장하는 것이다. 이는 기술적 해결책만으로는 불가능하며, 시민 개개인의 의식 변화와 사회적 합의가 뒷받침되어야 가능하다.

미래의 24시간 도시는 더욱 정교하고 섬세해질 것이다. AI가 개인의 생활 패턴을 학습하여 맞춤형 도시 서비스를 제공하고, 블록체인 기술을 통해 24시간 가동되는 도시 인프라의 투명한 관리가 이루어질 것이다. 하지만 그 모든 기술의 중심에는 인간다운 삶에 대한 예술적 상상력이 자리 잡고 있어야 한다.

도시 환경이 설계한 24시간 라이프는 단순히 시간을 연장한 생활이 아니다. 그것은 시간의 제약을 넘어서 개인의 고유한 생활 리듬을 존중하고, 다양성을 포용하며, 지속 가능한 미래를 향해 나아가는 새로운 도시 문명의 예술적 구현체다. 이러한 관점에서 우리는 도시를 바라보고, 그 안에서의 생활을 설계해야 할 것이다.

2-9
| 경제 |

몰입형 예술이 만든
도시 수익 모델

환경·예술·경제가 만난 도시 경제 순환 메커니즘

2021년 서울 강남구에 문을 연 '아르떼뮤지엄'이 240억 원의 매출을 기록하며 화제가 되었을 때, 많은 사람들은 단순히 새로운 문화 콘텐츠의 성공으로만 바라봤다. 하지만 이는 훨씬 더 깊은 의미를 담고 있다. 몰입형 예술이 만들어낸 새로운 도시 경제 모델의 등장이자, 환경과 예술, 경제가 유기적으로 결합한 지속 가능한 도시 발전 패러다임의 시작점이었다.

현대 도시는 더 이상 단순한 물리적 공간이 아니다. 그것은 문화와 기술, 환경과 경제가 복합적으로 얽혀 새로운 가치를 창출하는 살아 있는 생태계이다. 이 생태계에서 몰입형 예술은 단순한 문화 콘텐츠를 넘어서 도시 환경에 대한 예술적 이해를 바탕으로 한 새로운 경제 엔진으로 기능하고 있다.

몰입의 경제학: 체험이 만드는 새로운 가치 사슬

몰입형 예술의 경제적 파급력은 전통적인 예술 시장의 논리를 완전히 뒤바꾸고 있다. 과거의 예술품이 소수의 소장가를 대상으로 한 희소성 기반 경제였다면, 몰입형 예술은 대중의 경험과 참여를 기반으로 한 체험 경제를 창출한다. 아르떼뮤지엄의 성공 사례가 이를 여실히 보여준다. 1700평 규모의 전시 공간에서 연간 수백만 명의 관람객이 생성하는 경제적 파급효과는 단순한 입장료 수익을 훨씬 넘어선다.

이러한 몰입형 예술 공간은 도시 내에서 새로운 '문화 클러스터'를 형성한다. 전시관 주변으로 카페, 레스토랑, 쇼핑몰, 숙박시설 등이 자연스럽게 모여들면서 지역 경제의 새로운 중심축이 된다. 뉴욕의 하이라인 파크 사례처럼, 하나의 예술적 공간이 주변 지역 전체의 부동산 가치를 상승시키고 새로운 비즈니스 생태계를 만들어내는 것이다.

특히 주목할 점은 이러한 경제 효과가 '지속적'이라는 것이다. 하이라인 파크는 2009년 개장 이후 지금까지 연간 400만 명 이상의 방문객을 유지하고 있으며, 주변 지역에 20억 달러 이상의 민간 투자를 유치했다. 이는 일회성 이벤트가 아닌 지속 가능한 도시 경제 모델의 가능성을 보여준다.

교육적 측면: 창의 인재 육성과 지식 기반 경제의 구축

몰입형 예술이 도시 경제에 미치는 가장 근본적인 영향은 '인적 자본'의 질적 변화이다. 이러한 예술 공간은 단순한 관람 장소를 넘어서 창의적 사고와 기술적 역량을 기르는 교육의 장으로 기능한다. 특히 젊은 세대가 최신 디지털 기술과 예술적 표현이 결합한 콘텐츠를 체험하면서 자연스럽게 창의적 역량을 기르게 된다.

이는 도시의 장기적 경쟁력을 결정하는 핵심 요소이다. 창의적 인재들이 모여드는 도시는 자연스럽게 혁신 산업의 허브로 발전한다. 싱가포르의 마리나베이 지역이나 런던의 킹스크로스 지역처럼, 문화예술 시설을 중심으로 스타트업과 창의 기업들이 집적되면서 새로운 산업 생태계가 형성되는 것이다.

또한 몰입형 예술 교육은 미래 경제에 필요한 핵심 역량을 기르는 효과적인 방법이다. 협업적 창작 과정, 기술과 예술의 융합 경험, 다양한 문화적 배경을 가진 사람들과의 소통 등은 모두 4차 산업혁명 시대에 요구되는 핵심 역량이다. 이러한 교육적 효과는 장기적으로 도시의 인적 자본을 향상시키고, 고부가가치 산업 발전의 토대가 된다.

산업적 측면: 융복합 산업의 새로운 지평

몰입형 예술은 기존 산업 분류의 경계를 허무는 새로운 융복합 산업을 창출하고 있다. 예술과 기술, 관광과 교육, 엔터테인먼트와 치료가 하나로 결합한 새로운 비즈니스 모델들이 등장하고 있다. 이는 단순한 산업 다각화를 넘어서 완전히 새로운 가치 창출 메커니즘의 탄생을 의미한다.

예를 들어, 몰입형 미디어아트 기술은 의료 분야에서 심리 치료와 재활 치료에 활용되고 있고, 교육 분야에서는 체험형 학습 콘텐츠로 발전하고 있으며, 관광 분야에서는 지역 문화 자원을 활용한 새로운 관광 상품으로 진화하고 있다. 이러한 cross-over 효과는 하나의 기술과 콘텐츠가 여러 산업 분야에서 동시에 수익을 창출할 수 있게 해준다.

특히 주목할 만한 것은 '플랫폼 비즈니스' 모델의 등장이다. 몰입형 예술 콘텐츠를 제작하는 기업들이 단순히 콘텐츠를 판매하는 것이 아니라, 기술 플랫폼과 운영 노하우를 패키지로 제공하는 새로운 비즈니스 모델을 개발하고 있다. 이는 해외 수출과 기술 이전을 통한 글로벌 시장 진출의 가능성을 열어 준다.

디자인적 측면: 공간의 재정의와 가치 극대화

몰입형 예술이 가져온 가장 혁신적인 변화 중 하나는 '공간의 재정의'이다. 기존의 전시 공간이 단순히 작품을 진열하는 곳이었다면, 몰입형 예술 공간은 관객 자신이 작품의 일부가 되는 경험 공간이다. 이러한 공간적 전환은 도시 공간 활용의 효율성을 극대화한다.

하나의 공간이 시간대와 프로그램에 따라 전시장, 공연장, 교육장, 이벤트홀 등 다양한 기능을 수행할 수 있게 되면서 공간 활용도가 획기적으로 향상된다. 또한 가변형 디지털 콘텐츠의 특성상 같은 공간에서도 계속해서 새로운 경험을 제공할 수 있어 재방문율을 높이고 지속적인 수익 창출이 가능하다.

특히 도시 재생 프로젝트에서 몰입형 예술의 활용은 기존 건축물의 가치를 극대화하는 효과적인 방법으로 주목받고 있다. 낡은 산업 시설이나 유휴 공간을 첨단 디지털 아트 공간으로 변신시키면서 건축물의 역사적 가치는 보존하면서도 현대적 기능을 부여할 수 있다. 이는 철거와 신축에 따른 환경 부담을 줄이면서도 경제적 가치를 창출하는 지속 가능한 개발 모델을 제시한다.

미래 도시적 측면: 순환형 문화 경제 생태계

몰입형 예술이 만들어내는 도시 경제 모델의 가장 중요한 특징은 '순환성'이다. 예술 콘텐츠 제작 → 관광객 유치 → 지역 경제 활성화 → 세수 증대 → 문화 투자 확대 → 새로운 콘텐츠 개발로 이어지는 선순환 구조가 형성된다. 이는 외부 자본에 의존하지 않고 내생적 성장 동력을 갖춘 지속 가능한 경제 모델이다.

더 나아가 이러한 순환형 문화 경제는 환경적 지속 가능성과도 밀접하게 연결된다. 디지털 기반 콘텐츠의 특성상 물리적 자원 소비를 최소화하면서도 높은 경제적 가치를 창출할 수 있다. 또한 기존 건축물과 공간을 재활용하여 도시의 환경 부담을 줄이면서도 새로운 경제적 기회를 만들어낸다.

일본 팀랩의 사례에서 보듯이, 몰입형 예술은 지역의 문화적 특성과 결합하여 독특한 콘텐츠를 만들어낼 수 있다. 이는 문화적 다양성을 경제적 자산으로 전환하는 새로운 방식을 제시한다. 각 도시가 가진 고유한 역사와 문화를 몰입형 예술로 재해석하여 글로벌 관광객을 유치하면서도 지역 정체성을 강화하는 것이다.

환경·예술·경제의 삼각 동력

몰입형 예술이 만드는 도시 수익 모델의 핵심은 환경, 예술, 경제의 유기적 결합에 있다. 이 세 요소는 서로 독립적이지 않고 상호 강화하는 관계를 형성한다. 환경적 지속 가능성은 예술 창작의 영감이 되고, 예술적 표현은 경제적 가치를 창출하며, 경제적 성과는 다시 환경 보전과 예술 발전에 투자된다.

이러한 삼각 동력 구조는 도시 발전의 새로운 패러다임을 제시한다. 더 이상 경제 성장과 환경 보전이 대립적 관계가 아니며, 예술이 단순한 문화 장식품이 아닌 경제 발전의 핵심 동력이 될 수 있음을 보여준다. 프랑스 낭트의 조선소 지역 재생 프로젝트나 독일 에센의 졸버라인 산업 단지 문화 공간 전환 사례처럼, 환경 친화적 예술 프로젝트가 지역 경제 부흥의 원동력이 되는 것이다.

도시 환경의 예술적 재해석과 경제적 실현

결국 몰입형 예술이 만드는 도시 수익 모델은 '도시 환경에 대한 예술적 이해'의 구체적 실현체이다. 도시를 단순한 기능적 공간이 아닌 문화적·예술적 가능성이 무한한 캔버스로 바라보는 시각, 환경과 기술, 전통과 혁신이 조화롭게 공존할 수 있는 생태계로 인식하는 관점이 새로운 경제적 가치를 창출하고 있는 것이다.

청두의 런칭 경제[首發經濟] 사례에서 보듯이, 새로운 브랜드와 상품의 '첫 출시 테스트베드'로서 도시의 역할이 주목받고 있다. 이는 도시가 단순히 상품을 소비하는 공간이 아니라 새로운 가치를 창조하고 실험하는 실험실 역할을 할 수 있음을 의미한다. 몰입형 예술 공간이 바로 이러한 도시적 실험의 최전선에 서 있다.

미래 경제 모델의 선도적 실험

몰입형 예술이 만든 도시 수익 모델은 단순히 새로운 문화 산업의 등장을 넘어선다. 그것은 디지털 경제 시대에 적합한 새로운 도시 발전 모델의 prototype이다. 물리적 자원의 한계를 창의성과 기술로 극복하고, 지역의 고유한 문화적 자산을 글로벌 경쟁력으로 전환하며, 환경적 지속 가능성과 경제적 성장을 동시에 추구하는 이 모델은 21세기 도시가 나아가야 할 방향을 제시한다.

특히 코로나19 이후 '언택트 경제'와 '체험 경제'가 동시에 중요해진 상황에서, 몰입형 예술은 안전한 거리두기를 유지하면서도 풍부한 감각적 체험을 제공할 수 있는 이상적인 솔루션이다. 이는 팬데믹 이후 도시 경제 회복의 새로운 동력으로 주목받고 있다.

환경과 예술, 경제가 만나 만들어낸 이 새로운 도시 경제 순환 메커니즘은 우리에게 도시의 무한한 가능성을 보여준다. 도시는 더 이상 주어진 조건에 맞춰 살아가는 공간이 아니라, 인간의 창의성과 예술적 상상력으로 끊임없이 새롭게 창조해 나가는 살아 있는 작품인 것이다.

2-10
| 산업 |

그린 팩토리와 업사이클이 만든
도시의 산업 구조

순환 경제 하이브리드 시스템

독일 루르 지역의 졸버라인 탄광이 세계문화유산으로 등재된 지 20여 년, 그곳에서 벌어지고 있는 변화는 단순한 산업 유산 보존을 넘어선다. 과거 석탄을 캐던 갱도는 지열 에너지 시설로, 코크스 공장은 디자인 센터로, 가스탱크는 수직 농장으로 변신했다. 이는 도시 환경에 대한 예술적 이해를 바탕으로 한 새로운 산업 생태계의 탄생이다.

현대 도시는 더 이상 '생산-소비-폐기'의 선형적 산업 구조로는 지속될 수 없다. 그린 팩토리와 업사이클링을 중심으로 한 순환 경제 하이브리드 시스템이 새로운 도시 산업 패러다임으로 부상하고 있다.

그린 팩토리: 생산의 생태적 재해석

그린 팩토리는 단순히 공장에 태양광 패널을 설치하는 것 이상의 의미를 갖는다. 생산 과정 자체를 생태계의 일부로 인식하고, 자연의 순환 구조를 모방한 새로운 제조 철학의 구현체이다. 롯데케미칼 울산 공장의 화학적 재활용 PET 생산 시설이나 환경부의 스마트 생태 공장 100개소 조성 계획이 그 예이다.

이러한 그린 팩토리는 도시 내에서 새로운 '산업 생태계'를 형성한다. 한 공장의 부산물이 다른 공장의 원료가 되고, 생산 과정에서 발생하는 열에너지가 인근 지역의 난방에 활용되는 통합적 순환 구조가 만들어진다. 공장을 도시와 분리된 독립적 공간이 아닌, 도시 생태계의 유기적 구성 요소로 재정의하는 것이다.

교육적 측면: 새로운 산업 인재의 탄생

순환 경제 시스템은 전통적인 제조업 기술자와는 다른 새로운 역량을 요구한다. 환경 공학과 생산 관리를 동시에 이해하는 '그린 엔지니어', 폐자원을 새로운 가치로 전환하는 창의적 사고를 가진 '업사이클 디자이너', 순환 경제 원리를 비즈니스 모델에 적용할 수 있는 '서큘러 이코노미스트' 등이 필요하다.

광명시의 업사이클 아트센터나 부천시의 폐정수장을 농업 공원으로 전환한 사례처럼, 도시 곳곳에 새로운 형태의 교육 기관이 등장하고 있다. 이러한 교육은 단순한 기술 전수를 넘어서 '시스템 사고'를 기르는 데 중점을 둔다. 하나의 산업 활동이 도시 전체의 자원 순환과 환경에 미치는 영향을 이해하고, 다양한 이해관계자들과 협력하여 지속 가능한 솔루션을 만들어내는 능력이 21세기 도시 산업의 핵심 역량이다.

산업적 측면: 폐기물의 자원화와 가치 창출

순환 경제 하이브리드 시스템의 가장 혁신적인 특징은 '폐기물의 자원화'를 통한 새로운 가치 창출이다. 기존 산업 구조에서 비용으로만 인식되던 폐기물 처리가 새로운 수익 모델로 전환되고 있다. 성수동과 문래동의 공간 업사이클링 사례처럼, 낡은 공장 건물이 창작 스튜디오, 카페, 전시 공간으로 재탄생하면서 지역 경제의 새로운 동력이 되고 있다.

　업사이클링 산업은 단순한 재활용을 넘어서 '창의적 재해석'을 통한 고부가가치 창출을 특징으로 한다. 폐타이어가 놀이터 시설로, 폐컨테이너가 모듈형 주택으로 변신하는 과정에서 원재료 비용 대비 수십 배의 가치가 창출된다. 이는 전통적인 제조업의 대량 생산-대량소비 모델과는 완전히 다른 소량 생산-고부가가치 모델이다. 특히 주목할 만한 것은 '산업 심바이오시스' 모델이다. 서로 다른 업종의 기업들이 자원 순환을 위해 협력하는 생태적 클러스터를 형성하여, 한 기업의 부산물이

다른 기업의 원료가 되는 순환 구조를 만들어가고 있다.

디자인적 측면: 기능과 미학의 조화

그린 팩토리와 업사이클링 공간의 디자인에서 핵심은 '기능과 미학의 조화'이다. 단순히 환경 친화적이기만 한 것이 아니라, 사람들이 일하고 싶고 방문하고 싶은 매력적인 공간으로 만드는 것이 중요하다.

독일 에센의 졸버라인이나 프랑스 낭트의 조선소 지역 재생 프로젝트에서 보듯이, 산업 유산의 원형을 보존하면서도 현대적 기능을 부여하는 '적응적 재사용' 디자인이 주목받고 있다. 높은 천장과 넓은 공간이라는 산업 건축의 특성을 살려 창작 공간이나 전시장으로 활용하고, 견고한 구조를 이용해 수직 농장이나 실험실을 조성하는 것이다.

특히 '가변적 공간 설계'가 중요한 트렌드로 부상하고 있다. 업사이클링의 특성상 다양한 종류의 재료와 제품을 다뤄야 하므로, 용도에 따라 공간을 유연하게 재구성할 수 있는 모듈형 시설이 필요하다.

미래도시적 측면: 복원력 있는 도시 생태계

순환 경제 하이브리드 시스템이 도시에 가져다주는 가장 중요한 가치는 '복원력'이다. 외부 자원에 의존하지 않고 도시 내부의 순환을 통해 필요한 자원과 에너지를 조달할 수 있는 자립적 시스템을 구축하는 것이다.

　이러한 관점에서 '도시 광산' 개념이 주목받고 있다. 도시에 축적된 건축물, 인프라, 폐기물을 하나의 광산으로 인식하고, 여기서 필요한 자원을 채취하여 새로운 산업 활동에 활용하는 것이다. 서울의 장안평 업사이클링 타운이나 부산의 에코델타시티 같은 프로젝트가 이러한 개념을 구현하고 있다.

더 나아가 '재생형 도시' 개념도 등장하고 있다. 단순히 환경에 해를 끼치지 않는 것을 넘어서, 도시 활동을 통해 생태계를 복원하고 환경을 개선하는 적극적 접근이다.

순환 경제의 예술적 구현

그린 팩토리와 업사이클링이 만드는 새로운 도시 산업 구조는 궁극적으로 '순환 경제의 예술적 구현'이라고 할 수 있다. 자연의 순환 원리를 산업 활동에 적용하되, 단순한 기능적 효율성을 넘어서 미적 가치와 문화적 의미를 창출하는 것이다.

이러한 전환은 단순한 기술적 업그레이드가 아니라 도시 문화 전체의 패러다임 변화를 수반한다. 공장을 더럽고 위험한 곳이 아닌 깨끗하고 아름다운 공간으로, 폐기물을 처리해야 할 골칫거리가 아닌 새로운 가능성의 보고로 인식하는 문화적 전환이 일어나고 있다.

순환 경제 하이브리드 시스템의 핵심은 '다양성'에 있다. 전통적인 대량 생산 체계와 소규모 업사이클링 작업장이 공존하고, 첨단 자동화 설비와 수공예적 창작 활동이 조화를 이루며, 글로벌 공급망과 로컬 자원 순환이 상호 보완하는 다층적 구조를 만드는 것이다.

결국 그린 팩토리와 업사이클링이 만든 새로운 도시 산업 구조는 도시 환경에 대한 예술적 이해의 결실이다. 도시를 단순한 생산과 소비의 공간이 아닌 창조와 재생이 끊임없이 일어나는 살아 있는 작품으로 바라보는 시각, 환경적 지속 가능성과 경제적 활력을 동시에 추구하는 통합적 사고가 만들어낸 새로운 도시 문명의 모습이다.

2-11
| 투자 |

그린·아트 투자로 그려낸
도시 ESG 포트폴리오

환경×예술 프로젝트, 분산 금융 도시 경제학

현대 도시는 더 이상 단순한 물리적 공간이 아니다. 그것은 환경적 지속 가능성과 문화적 창의성이 융합되어 새로운 경제적 가치를 창출하는 복합적 투자 플랫폼이다. 그린·아트 투자를 통한 도시 ESG 포트폴리오의 구축은 21세기 도시 발전의 새로운 금융 모델을 제시하고 있다.

환경×예술: 새로운 투자 자산군의 탄생

전통적인 투자 분류에서 환경과 예술은 서로 다른 영역으로 인식되어 왔다. 환경 투자는 주로 신재생 에너지나 친환경 기술에 집중되었고, 예술 투자는 미술품 수집이나 문화 콘텐츠 제작에 한정되었다. 하지만 이제 이 두 영역이 만나 완전히 새로운 투자 자산군을 형성하고 있다.

　뉴욕의 하이라인 파크가 폐철도를 녹색 공원으로 전환하면서 주변 부동산 가치를 20억 달러 이상 상승시킨 사례나, 애틀랜타의 Proctor Creek 지역에서 그린 인프라와 공공 예술을 결합한 도시 재생 프로젝트가 홍수 피해를 줄이면서 동시에 관광 수입을 창출하는 사례가 그 가능성을 보여준다.

이러한 환경×예술 프로젝트는 단순한 사회적 가치 창출을 넘어서 측정 가능한 투자 수익을 생성한다. 환경 개선을 통한 건강 비용 절감, 예술적 공간 조성을 통한 관광 수입 증대, 지역 브랜드 가치 향상을 통한 부동산 가격 상승 등이 복합적으로 작용하여 기존 투자 상품보다 높은 위험 대비 수익률을 제공할 수 있다.

교육적 측면: 투자 패러다임의 전환

그린·아트 투자의 확산은 투자 교육의 근본적 변화를 요구한다. 기존의 재무적 지표 중심 분석에서 벗어나 환경적 영향, 사회적 가치, 문화적 의미를 종합적으로 평가할 수 있는 새로운 투자 분석 역량이 필요하다.

미국 볼더시의 비영리 예술 문화 산업이 연간 69.8만 달러의 경제 활동을 창출하면서 1,832개의 정규직 일자리를 지원하는 사례처럼, 예술 투자의 경제적 파급 효과를 정량적으로 측정하고 예측하는 방법론을 익혀야 한다. 또한 탄소 배출 감소량, 생물 다양성 보전 효과, 지역 공동체 결속 강화 등 비재무적 성과를 화폐 가치로 환산하는 기법을 이해해야 한다.

특히 블록체인과 NFT 기술을 활용한 새로운 예술 투자 플랫폼들이 등장하면서, 디지털 자산의 가치 평가와 위험 관리에 대한 새로운 지식이 요구되고 있다. 에버트레저의 AI 기반 예술 투자 플랫폼 '예투'처럼,

기존 갤러리 중심의 수익 독점 구조를 분산하는 새로운 투자 모델에 대한 이해가 필수적이다.

산업적 측면: 분산 금융과 도시 경제의 융합

그린·아트 투자의 가장 혁신적인 특징은 분산 금융(DeFi) 기술과의 결합을 통한 새로운 도시경제 모델의 창출이다. 전통적인 중앙집권적 투자 구조에서 벗어나, 다양한 이해관계자들이 직접 참여할 수 있는 분산형 투자 생태계가 형성되고 있다.

블록체인 기술을 활용한 예술품 토큰화는 고가의 미술품을 소액으로 분할 투자할 수 있게 해준다. 하나의 환경 예술 프로젝트를 수천 개의 디지털 토큰으로 나누어 시민들이 직접 투자에 참여할 수 있도록 하는 것이다. 이는 기존의 소수 부유층 중심의 예술 투자 시장을 대중화하면서 동시에 프로젝트 자금 조달의 새로운 경로를 제공한다.

또한 스마트 컨트랙트 기술을 통해 투자 수익이 환경 개선 성과와 연동되도록 설계할 수 있다. 탄소 감축량이나 생물 다양성 보전 효과가 목표치를 달성했을 때만 투자 수익이 지급되는 구조를 만들어, 투자의 투명성과 환경적 임팩트를 동시에 보장하는 것이다.

디자인적 측면: 투자 포트폴리오의 미학적 구성

도시 ESG 포트폴리오의 구성에서 중요한 것은 단순한 수익률 최적화를 넘어선 '미학적 균형'이다. 환경 프로젝트와 예술 프로젝트, 하드웨어 투자와 소프트웨어 투자, 단기 수익과 장기 가치가 조화롭게 배치되어야 한다.

런던의 사례처럼 도심 곳곳의 광고 전시판과 버스정류장을 예술품 전시 공간으로 활용하는 프로젝트는 기존 도시 인프라에 문화적 가치를 더해 투자 매력도를 높인다. 이러한 접근은 대규모 신규 투자 없이도

기존 자산의 가치를 재평가하고 새로운 수익 모델을 창출할 수 있게 해 준다.

특히 '적응적 투자 설계' 개념이 주목받고 있다. 시간의 흐름에 따라 환경 조건이나 문화적 수요가 변화하더라도 투자 포트폴리오가 유연하게 대응할 수 있도록 설계하는 것이다. 예를 들어, 태양광 발전 시설과 야외 조각 공원을 결합한 프로젝트는 낮에는 친환경 에너지를 생산하고 밤에는 조명 예술 공간으로 기능하여 24시간 수익을 창출할 수 있다.

미래 도시적 측면: 복원력 있는 투자 생태계

그린·아트 투자가 도시에 제공하는 가장 중요한 가치는 '복원력'이다. 전통적인 투자가 경제적 변동에 취약한 반면, 환경과 예술이 결합한 투자는 다양한 외부 충격에 대해 상당한 내성을 갖는다.

기후 변화로 인한 환경 위기가 심화할수록 그린 인프라의 가치는 상승하고, 팬데믹 같은 사회적 위기 상황에서는 공공 예술과 문화 공간의 중요성이 더욱 부각된다. 이러한 '역상관 관계'를 활용하면 경제적 불확실성이 높은 시기에도 안정적인 투자 수익을 확보할 수 있다.

또한 '재생형 투자' 개념도 주목받고 있다. 단순히 환경에 해를 끼치지 않는 것을 넘어서, 투자 활동 자체가 환경과 사회를 더 나은 방향으로 변화시키는 적극적 역할을 하는 것이다. 해양 플라스틱을 수거하여 예술 작품으로 만드는 프로젝트나, 도심 유휴 공간을 수직 농장과 커뮤니티 아트 센터로 동시에 활용하는 사업들이 그 예이다.

분산 금융 도시 경제학의 새로운 지평

그린·아트 투자로 구성된 도시 ESG 포트폴리오는 궁극적으로 '분산 금융 도시 경제학'이라는 새로운 학문 영역의 토대를 제공한다. 중앙화된 금융 기관에 의존하지 않고, 시민들이 직접 도시 발전에 투자하고 그 성과를 공유하는 새로운 경제 모델이다.

이 모델에서는 투자자와 수혜자의 경계가 모호해진다. 환경 예술 프로젝트에 투자한 시민들은 동시에 그 프로젝트가 만들어내는 깨끗한 공기와 아름다운 경관의 직접적 수혜자가 된다. 이는 기존의 추상적 투자 수익률을 넘어서 삶의 질 향상이라는 구체적 가치를 제공한다.

더 나아가 AI와 빅데이터 기술을 활용해 시민들의 환경 선호도와 문화적 취향을 분석하여 맞춤형 투자 포트폴리오를 제안하는 서비스도 등장하고 있다. 개인의 생활 패턴과 가치관에 맞는 그린·아트 투자 옵션을 추천하여, 투자의 개인화와 사회화를 동시에 실현하는 것이다.

도시 환경의 예술적 투자 철학

결국 그린·아트 투자로 그려낸 도시 ESG 포트폴리오는 '도시 환경에 대한 예술적 이해'의 금융적 구현이다. 도시를 단순한 투자 대상이 아닌 하나의 거대한 예술 작품으로 바라보고, 그 안에서 환경적 지속가능성과 문화적 창의성이 조화를 이루는 새로운 가치를 창출하는 것이다.

이러한 투자 철학은 아직 초기 단계에 불과하지만, 전 세계 도시들에서 벌어지고 있는 실험은 그 가능성을 확인해 주고 있다. 경제적 수익과 환경적 가치, 개인적 이익과 사회적 선익이 대립이 아닌 시너지를 만들어내는 새로운 투자 패러다임이 현실화하고 있는 것이다.

분산 금융 도시 경제학은 단순한 투자 전략을 넘어서 21세기 도시 문명의 진화 방향을 제시하는 나침반이다. 그 중심에는 도시를 하나의 살아 있는 예술 작품으로 바라보고, 그 안에서 모든 시민이 창조자이자 투자자, 수혜자가 되는 새로운 도시 공동체의 비전이 자리 잡고 있다.

2-12
| 공간 |

마이크로 스페이스가 연출한 환경·예술 포켓 시티

바이오필릭 클러스터, 다중 도시 공간

서울 한복판의 작은 골목에서 발견한 2평 남짓한 마이크로 정원이 있다. 예전 담배 가게였던 자리에 시민들이 자발적으로 만든 이 작은 녹지는 단순한 화분 몇 개에 불과해 보이지만, 그 안에는 혁명적인 도시 공간 철학이 담겨 있다. 이는 도시 환경에 대한 예술적 이해가 만들어낸 새로운 공간 패러다임의 시작이다.

현대 도시는 더 이상 거대한 스케일의 개발만으로는 지속될 수 없다. 마이크로 스페이스를 활용한 환경·예술 포켓 시티의 등장은 도시 공간에 대한 근본적 인식 전환을 보여준다. 작지만 강력한 이 공간이 모여 바이오필릭 클러스터를 형성하고, 궁극적으로는 다중 도시 공간

이라는 새로운 도시 생태계를 만들어가고 있다.

Micro한 개입, 거대한 변화

마이크로 스페이스(Micro Space)의 힘은 그 규모의 작음에 있지 않다. 오히려 작기 때문에 가능한 '정밀한 개입'에 있다. 싱가포르의 스카이라이즈 그린닝 프로젝트에서 보듯이, 건물의 틈새, 옥상의 모서리, 계단 사이의 자투리 공간까지도 세심하게 녹화하여 도시 전체를 하나의 거대한 정원으로 만들어가고 있다.

2010년대 중반에 진행한 서울의 마이크로시티랩 프로젝트는 이러한 철학을 실험적으로 구현했다. 거대 도시화된 서울의 장소성을 마이크로한 개입으로 탐색하는 이 프로젝트는 버스정류장 옆 화단, 지하철역 출입구의 벽면, 횡단보도 모서리의 자투리 땅 등을 예술적 공간으로 전환한다. 이는 단순한 공간 활용을 넘어서 시민들의 일상 동선에 자연스럽게 스며드는 '침투형 예술'의 실현이다.

동작구의 '포켓쉼터' 40곳 조성 사례처럼, 기존 유휴 공간을 적극적으로 발굴하여 지역 특성에 맞는 소규모 휴식 공간으로 조성하는 움직임이 전국적으로 확산하고 있다. 이러한 마이크로 개입들은 개별적으로는 작아 보이지만, 네트워크를 형성할 때 도시 전체의 환경 질을 근본적으로 바꿀 수 있는 잠재력을 갖는다.

교육적 측면: 공간 리터러시의 확산

마이크로 스페이스 프로젝트의 가장 중요한 교육적 가치는 '공간 리터러시'의 확산에 있다. 시민들이 도시 공간을 수동적으로 소비하는 대상이 아닌, 능동적으로 읽고 쓰고 편집할 수 있는 텍스트로 인식하게 만드는 것이다.

시민들이 직접 자신의 생활권 내 유휴 공간을 발견하고 이를 예술적 공간으로 전환하는 과정을 학습할 수 있는 기회가 늘어나고 있다. 이는 단순한 원예 활동이나 미술 체험을 넘어서 도시 공간에 대한 종합적 이해력을 기르는 통합 교육이다.

특히 '마이크로 개입의 연쇄 효과'를 이해하는 것이 중요하다. 하나의 작은 공간 개선이 주변 지역의 보행 패턴을 바꾸고, 이것이 상권 활성화로 이어지며, 궁극적으로는 지역 공동체의 결속을 강화하는 과정을 직접 관찰하고 분석할 수 있는 역량을 기르는 것이다.

산업적 측면: 마이크로 이코노미의 창출

마이크로 스페이스는 새로운 형태의 '마이크로 이코노미'를 창출한다. 기존의 대규모 개발 중심 도시 경제와는 완전히 다른 소규모 분산형 경제 모델이다. 포켓 도어나 폴딩 시스템 같은 공간 절약형 가구 산업의 성장, 수직 원예와 도시 농업 관련 기술의 발전, 마이크로 공원용 특수 식물 재배업의 등장 등이 그 예이다.

특히 '공간 셰어링 플랫폼'의 발전이 주목받고 있다. 개인이나 소상공인이 소유한 작은 공간을 일시적으로 공유하여 팝업 가든, 마이크로 갤러리, 소규모 워크숍 공간 등으로 활용하는 새로운 비즈니스 모델이 등장하고 있다. 이는 기존의 부동산 임대업과는 완전히 다른 '경험 임대업'이라고 할 수 있다.

또한 '마이크로 스페이스 컨설팅' 산업도 성장하고 있다. 도시 내 자투리 공간을 발굴하고 이를 효과적으로 활용할 수 있는 방안을 제시하는

전문 서비스로, 공간 디자이너, 원예 전문가, 커뮤니티 기획자 등이 협업하는 새로운 직업군이 형성되고 있다.

디자인적 측면: 적층형 공간 미학

마이크로 스페이스 디자인의 핵심은 '적층형 공간 미학'이다. 제한된 면적 안에서 최대한의 기능과 미적 가치를 실현하기 위해 수직적 공간 활용, 다층적 식재, 시간대별 공간 전환 등의 기법이 발달하고 있다.

싱가포르의 수직 정원이나 스카이웨이 같은 사례에서 보듯이, 3차원적 공간 구성을 통해 작은 면적에서도 풍부한 공간 경험을 제공할 수 있다. 128m 길이의 공중 산책로인 스카이웨이는 단순히 이동 통로가 아니라 도시 전체를 조망할 수 있는 전망대이자, 수직 정원을 가까이서 관찰할 수 있는 학습 공간이며, 시민들의 만남과 휴식을 위한 사회적 공간으로 기능한다.

'반응형 공간 디자인'도 중요한 트렌드이다. 계절 변화, 날씨 조건, 이용자 수에 따라 공간의 구성과 기능이 유연하게 변화할 수 있도록 설계하는 것이다. 예를 들어, 여름에는 그늘막과 물 분무 시설이 작동하여 쿨링 가든으로 기능하고, 겨울에는 방풍막과 보온 시설이 가동되어 따뜻한 휴게 공간으로 전환되는 스마트 마이크로 스페이스가 개발되고 있다.

미래 도시적 측면: 분산형 복원력 네트워크

마이크로 스페이스 네트워크가 도시에 제공하는 가장 중요한 가치는 '분산형 복원력'이다. 대규모 집중형 녹지와 달리, 도시 곳곳에 분산된 소규모 녹지들은 국지적 기후 조절, 미세 먼지 저감, 도시 열섬 완화 등의 환경 기능을 보다 효과적으로 수행할 수 있다.

싱가포르의 파크커넥터 사업이 2012년 200km의 그린웨이 조성을 완성하고 2030년까지 전체 주민의 85% 이상이 400m만 걸으면 공원을 찾을 수 있도록 하겠다는 목표를 설정한 것처럼, 마이크로 스페이스들이 연결되어 거대한 녹색 네트워크를 형성할 때 도시 전체의 생태적 건강성이 크게 향상된다.

또한 적응형 도시 모델의 구현에도 중요한 역할을 한다. 기후 변화나 사회적 위기 상황에서 대규모 시설은 취약할 수 있지만, 분산된 마이크로 스페이스들은 상황에 따라 유연하게 대응할 수 있다. 팬데믹 상황에서는 소규모 야외 만남의 장소로, 폭염 시에는 쿨링 스팟으로, 미세 먼지 농도가 높을 때는 정화 공간으로 기능할 수 있다.

바이오필릭 클러스터의 형성

마이크로 스페이스들이 모여 형성하는 바이오필릭 클러스터는 단순한 녹지 집합체를 넘어선다. 그것은 인간의 자연 친화적 본능을 도시 환경에서 구현하는 새로운 공간 유형이다. 각각의 마이크로 스페이스가 독립적으로 존재하면서도 생태적·미적·사회적으로 연결되어 시너지를 창출하는 것이다.

이러한 클러스터에서는 공간의 경계가 모호해진다. 실내와 실외, 자연과 인공, 개인과 공공의 구분이 유동적으로 변하며, 그 결과 새로운 형태의 도시 공간 경험이 만들어진다. 시민들은 일상 동선 안에서 자연스럽게 다양한 마이크로 스페이스를 경험하며, 각각의 공간에서 서로 다른 감각적·정서적 자극을 받게 된다.

다중 도시 공간의 예술적 구현

결국 마이크로 스페이스가 연출한 환경·예술 포켓 시티는 '다중 도시 공간'이라는 새로운 도시 개념의 구현이다. 하나의 균질한 도시 공간이 아니라, 수많은 이질적 공간이 층층이 중첩되고 연결되어 만들어내는 복합적 도시 경험이다.

　이는 도시 환경에 대한 예술적 이해의 결정체이다. 도시를 기능적 효율성만을 추구하는 기계가 아닌, 시민들의 감각과 감정, 상상력과 창의성을 자극하는 종합 예술품으로 바라보는 시각이 만들어낸 성과이다. 각각의 마이크로 스페이스는 하나의 작은 시(詩)이고, 이것이 모여 도시 전체는 하나의 거대한 서사시가 된다.

　마이크로 스페이스가 보여주는 것은 크기의 문제가 아니라 밀도의 문제이다. 작은 공간에 얼마나 풍부한 경험과 의미를 압축할 수 있는가, 그리고 그러한 공간들이 어떻게 연결되어 도시 전체의 삶의 질을 향상시킬 수 있는가가 중요하다. 이는 21세기 도시가 추구해야 할 새로운 공간 철학의 방향을 제시한다.

CHAPTER

03

서양 문화와 도시 미학

물과 공기마저 디자인의 일부가 된 도시의 지속 가능성

3-1 　서양 미술이 만든 시선

3-2 　자본주의가 그려낸 서양 문화와 미학

3-3 　그리스 신화와 넷플릭스

3-4 　서구 예술이 그려낸 하나의 시대

3-5 　증기 기관에서 실리콘으로

3-6 　산업 혁명과 대량 생산, AI로 이어지는 도시의 발전

3-7 　12세기 옥스퍼드부터 21세기 비대면 캠퍼스까지

3-8 　광장에서 의회로, 다시 뉴스피드로

3-9 　흑사병, 콜레라에서 21세기 코로나까지

3-10　스모그에서 그린시티까지

3-11　메타버스와 르네상스, 산업과 도시의 유연성

3-12　서양 도시가 설계한 전쟁 인프라

3-1
| 미술 |

서양 미술이 만든 시선

미술이 창조한 문화와 권력

　1415년, 피렌체의 건축가 브루넬레스키가 산타 마리아 델 피오레 대성당 앞에서 작은 거울을 들고 실험을 하고 있었다. 그는 거울에 비친 건물의 모습을 관찰하며 '선형 원근법'이라는 혁명적 기법을 완성했다. 이 순간이 바로 서양 미술이 도시를 바라보는 시선을 완전히 바꾼 역사적 전환점이었다. 단순한 그리기 기법의 발견이 아니라, 도시 공간을 인식하고 재현하는 새로운 미학적 체계의 탄생이었던 것이다.

　서양 미술사에서 도시는 단순한 배경이 아니었다. 그것은 권력과 문화가 충돌하고 융합하는 무대였으며, 시대의 이상과 욕망이 구현되는 거대한 캔버스였다. 특히 르네상스 이후 서양 미술이 만들어낸 시선의 체계는 현재까지도 우리가 도시를 이해하고 설계하는 근본적 틀로 작동하고 있다.

원근법이 만든 도시의 시선

브루넬레스키의 원근법 발견은 단순한 미술사적 사건을 넘어서 도시 미학의 패러다임을 바꾼 결정적 순간이었다. 이전까지 중세 미술에서 도시는 상징적이고 위계적인 공간으로 표현되었다. 성당은 크게, 일반 건물은 작게 그려지며, 신적 질서에 따른 공간 배치가 우선시되었다.

하지만 원근법의 등장과 함께 도시 공간은 수학적이고 과학적인 질서로 재편되었다. 중심점을 향해 수렴하는 시선의 체계는 도시에

'중심축'이라는 개념을 도입했다. 이는 후에 바로크 시대의 거대한 광장과 대로, 베르사유 궁전의 기하학적 정원 설계로 이어지며, 궁극적으로는 오스망의 파리 대개조와 워싱턴 D.C.의 도시 계획에까지 영향을 미쳤다.

특히 피렌체는 이러한 새로운 시선 체계의 실험실이었다. 메디치 가문의 후원 아래 미켈란젤로, 다빈치, 보티첼리 등의 거장들이 만들어 낸 작품들은 단순히 예술품이 아니라 새로운 도시 미학의 선언문이었다. 우피치 갤러리에서 두오모로 이어지는 시각적 축선, 아르노강을 가로지르는 베키오 다리의 상징적 배치 등은 모두 회화적 원근법을 도시 공간으로 확장한 결과물이다.

교육적 측면: 미술이 만든 공간 교육

서양 미술이 도시에 미친 가장 근본적인 영향은 '공간을 읽는 법'을 가르쳤다는 점이다. 르네상스 회화에서 완성된 공간 표현 기법들은 건축가와 도시 설계자들의 기본 문법이 되었다. 원근법, 명암법, 구성법 등은 단순한 그림 기법을 넘어서 공간을 인식하고 설계하는 사고 체계로 발전했다.

특히 바로크 시대에 이르러 이러한 교육적 효과는 극대화되었다. 베르니니의 조각과 보로미니의 건축이 보여준 '시선의 대축제'는 공간에 대한 새로운 이해를 제시했다. 단일한 시점에서 바라보는 정적인 공간에서 벗어나, 움직이는 관찰자의 시선을 고려한 동적 공간 설계의 시작이었다.

현재 도시 설계 교육에서 중요하게 다루는 '시퀀스 디자인', '비스타(Vista) 계획', '랜드마크 배치' 등의 개념은 모두 서양 미술에서 발전된 시각적 구성 원리에서 출발한다. 도시를 하나의 거대한 회화 작품처럼 구성하고, 시민들의 일상적 동선을 예술적 경험으로 승화시키려는 시도가 그것이다.

산업적 측면: 미술과 도시 산업의 융합

서양 미술이 만든 시선의 체계는 현대 도시 산업의 기반이 되었다. 관광 산업에서 중요하게 다루는 '도시 경관', '포토 스팟', '인스타그래머블한 공간' 등의 개념들은 모두 회화적 구성 원리에서 비롯된다. 피렌체의 미켈란젤로 언덕에서 바라본 도시 전경이나 파리의 에펠탑을 중심으로 한 샹젤리제 대로의 경관 등은 서양 미술의 구성 원리를 도시 스케일로 확장한 결과물이다.

현대 도시 재생 프로젝트도 이러한 미술사적 전통을 적극 활용하고 있다. 런던의 테이트 모던이나 뉴욕의 하이라인 파크 같은 사례들은 기존 산업 시설을 예술적 공간으로 전환하면서 새로운 도시 미학을 창출한다. 이는 단순한 기능 변경을 넘어서 도시 공간에 대한 새로운 시각적 경험을 제공하려는 시도이다.

특히 '아트 디스트릭트' 개념의 확산은 미술이 도시 산업에 미친 직접적 영향을 보여준다. 첼시나 소호, 마르세유의 르 파니에 같은 지역은 미술이 지역 경제의 핵심 동력이 되는 새로운 도시 산업 모델을 제시한다.

디자인적 측면: 회화적 도시 설계

서양 미술의 영향은 현대 도시 디자인의 세부 요소들에까지 스며들어 있다. 바로크 건축에서 발전된 '파사드 디자인' 개념은 현재 도시 가로변 건축물의 입면 설계 원리가 되었다. 건물의 정면을 하나의 회화 작품처럼 구성하여 가로 경관의 연속성과 다양성을 동시에 확보하려는 시도가 그것이다.

또한 '치아로스쿠로(명암법)'는 현대 도시 조명 설계의 기본 원리로 활용되고 있다. 카라바조의 극적인 명암 대비 기법은 야간 도시 경관을 연출하는 중요한 영감의 원천이다. 건축물의 특정 부분을 강조하거나 가로 공간의 위계를 표현하는 조명 기법은 모두 회화의 명암법에서 발전된 것이다.

'컴포지션(구성)'의 원리 역시 도시 설계에서 중요하게 활용된다. 광장과 가로, 건축물과 녹지의 배치를 회화의 구성 원리에 따라 설계하여 조화롭고 역동적인 도시 공간을 만들어내는 것이다.

미래 도시적 측면: 디지털 시대의 새로운 시선

현대에 들어 디지털 기술의 발전은 서양 미술이 만든 시선 체계에 새로운 변화를 가져오고 있다. VR과 AR 기술의 도입으로 도시 공간은 이제 단순한 물리적 실체를 넘어서 가상과 현실이 중첩되는 복합적 경험 공간으로 진화하고 있다.

특히 '증강 현실 도시'의 등장은 서양 미술의 원근법 체계에 새로운 차원을 더한다. 스마트폰 화면을 통해 보는 도시 공간에는 과거와 현재, 실제와 가상이 동시에 존재한다. 이는 피카소의 큐비즘이 제시한 '다시점' 개념을 도시 스케일로 구현한 것으로 볼 수 있다.

또한 SNS와 동영상 플랫폼의 확산으로 도시 경관은 이제 '인스타

그래머블'한지 여부가 중요한 평가 기준이 되었다. 이는 회화적 구성의 원리가 디지털 미디어 시대에 맞게 재해석되고 있음을 보여준다.

권력과 문화의 시각적 코드

서양 미술이 만든 시선은 단순한 미학적 체계를 넘어서 권력과 문화의 코드로 기능해 왔다. 베르사유 궁전의 기하학적 정원이나 상트페테르부르크의 직선적 대로는 절대 왕정의 권력을 시각화한 장치였다. 바로크 건축의 과장된 장식과 극적인 공간 연출은 가톨릭 교회의 권위를 강화하려는 문화적 전략이었다.

현대에도 이러한 전통은 계속되고 있다. 도시의 마천루 스카이라인, 거대한 광장과 기념비, 상징적 건축물은 모두 권력의 시각적 표현이다. 특히 글로벌 도시들 간의 경쟁에서 '도시 브랜딩'이 중요해지면서, 서양 미술에서 발전된 시각적 구성 원리는 더욱 중요한 역할을 하고 있다.

서양 미술이 만든 시선은 우리가 도시를 보고, 이해하고, 설계하는 방식의 근간이 되었다. 원근법에서 시작된 이 시각적 혁명은 현재까지도 계속 진행 중이다. 디지털 기술과 만나 새로운 형태로 진화하고 있지만, 그 근본적 원리는 여전히 르네상스 대가들이 피렌체에서 실험했던 공간 인식의 방법론에 뿌리를 두고 있다. 미술이 창조한 문화와 권력의 시선이 오늘날 우리 도시의 모습을 만들어가고 있는 것이다.

3-2
| 경제 |

자본주의가 그려낸
서양 문화와 미학

화폐와 도시, 문화적 소비의 도시

1602년 암스테르담에서 세계 최초의 주식회사인 동인도회사가 설립되었을 때, 그 건물 앞 광장에는 새로운 종류의 사람들이 모여들기 시작했다. 상인, 투자자, 중개인들이 만들어낸 이 새로운 경제적 풍경은 단순한 상거래 공간을 넘어서 완전히 새로운 도시 미학의 출발점이 되었다. 화폐가 흐르는 곳에 권력이 집중되고, 권력이 집중되는 곳에 새로운 문화와 미학이 탄생한다는 자본주의 도시의 기본 공식이 여기서 시작되었다.

자본주의는 단순한 경제 체제를 넘어서 서양 문화와 도시 미학을 근본적으로 재편한 창조적 파괴의 힘이었다. 화폐의 흐름이 만들어낸 새로운 공간 질서는 중세의 종교적·봉건적 도시 구조를 해체하고, 상업과 소비를 중심으로 한 전혀 다른 도시 문화를 창조해냈다.

화폐가 그린 도시의 새로운 지도

자본주의의 등장과 함께 도시의 공간 구조는 근본적으로 변화했다. 중세 도시가 성당을 중심으로 한 종교적 위계질서로 구성되었다면, 자본주의 도시는 거래소, 은행, 상점가를 중심으로 한 경제적 논리에 따라 재편되었다. 런던의 시티, 파리의 오페라 지구, 뉴욕의 월스트리트가 그 대표적 사례이다.

특히 19세기 오스망 남작의 파리 대개조는 자본주의적 도시 미학의 결정판이었다. 구불구불한 중세의 골목길을 직선의 대로로 바꾸고,

새로운 백화점과 카페, 오페라하우스를 연결하는 시각적 축선을 만들어낸 것은 단순한 도시 계획이 아니라 소비 자본주의를 위한 무대 설계였다. 넓은 보도와 아케이드, 쇼윈도가 연출하는 스펙터클은 도시 자체를 하나의 거대한 백화점으로 변모시켰다.

뉴욕 타임스퀘어의 경우 더욱 극단적이다. 자본주의적 상업성의 극치인 광고판이 정부 규제에 의해 유지된다는 역설은 현대 도시 미학의 복잡성을 보여준다. 상업적 스펙터클이 도시의 정체성 자체가 되어버린 것이다.

교육적 측면: 소비의 시각 문법

자본주의 도시가 만들어낸 가장 강력한 교육적 효과는 '소비의 시각 문법'을 시민들에게 가르쳤다는 점이다. 백화점의 쇼윈도 디스플레이, 광고 포스터의 그래픽 디자인, 상품 진열의 미학 등은 새로운 형태의 시각 교육 시스템이었다.

특히 20세기 들어 바우하우스 같은 디자인 학교들이 추구한 기능주의 미학은 대량 생산-대량소비 시대의 교육적 필요에서 출발했다. 단순하고 기능적인 디자인 원리는 상품의 대량 생산을 가능하게 하는 동시에, 소비자들에게 '모던한 취향'이라는 새로운 문화적 코드를 교육했다.

현재 도시 곳곳에서 벌어지는 '브랜딩' 현상도 이러한 교육적 전통의 연장선이다. 도시 자체가 하나의 브랜드가 되어 시민들에게 특정한 라이프스타일과 소비 패턴을 학습시킨다. 강남의 럭셔리 문화, 홍대의 힙스터 문화, 이태원의 글로벌 문화 등은 모두 경제적 논리에 기반한 문화 교육의 결과물이다.

산업적 측면: 경험 경제와 도시 공간

자본주의의 진화와 함께 도시 산업 구조도 변화했다. 초기 산업자본주의 시대의 공장과 창고 중심 도시에서, 20세기 후반 서비스업 중심 도시로, 그리고 현재의 '경험 경제' 중심 도시로 변모해 온 것이다.

특히 '문화적 소비'의 확산은 도시 공간을 완전히 새롭게 정의했다. 단순히 상품을 사고파는 공간에서 '경험을 소비하는 공간'으로 전환된 것이다. 복합 문화 공간, 테마파크형 쇼핑몰, 체험형 전시관 등이 그 대표적 사례이다. 이러한 공간에서는 상품 자체보다 그 상품을 둘러싼 문화적 맥락과 경험이 더 중요한 가치가 된다.

지역화폐의 확산도 흥미로운 현상이다. 글로벌 자본주의에 대응하여 지역 단위의 소비 문화를 활성화하려는 시도들이 새로운 형태의 도시 경제 모델을 만들어내고 있다. 소비의 '역외 유출'을 막고 지역 내 순환을 촉진하려는 이러한 실험은 자본주의 도시 경제학의 새로운 장을 열고 있다.

디자인적 측면: 스펙터클의 미학

자본주의 도시의 디자인적 특징은 한 마디로 '스펙터클의 미학'이다. 주목을 끌고, 기억에 남으며, 소비 욕구를 자극하는 시각적 효과를 극대화하는 것이 핵심이다. 이는 전통적인 고전주의 미학의 조화와 절제와는 정반대의 방향이다.

네온사인과 LED 스크린이 만들어내는 현대 도시의 야경은 그 극단적 사례이다. 라스베이거스나 도쿄 신주쿠의 화려한 조명들은 단순한 장식이 아니라 소비 욕구를 자극하는 정교한 심리적 장치다. 색채, 움직임, 크기의 과장을 통해 일상의 감각을 마비시키고 비일상적 소비 행위를 유도하는 것이다.

건축에서도 이러한 스펙터클 미학이 두드러진다. 프랭크 게리의 구겐하임 빌바오나 자하 하디드의 DDP 같은 '아이코닉' 건축물들은 도시를 글로벌 관광 상품으로 브랜딩하기 위한 전략적 투자의 결과물이다. 건축 자체가 하나의 거대한 광고판 역할을 하는 것이다.

미래 도시적 측면: 디지털 자본주의와 도시 공간

디지털 기술의 발전은 자본주의 도시 미학에 새로운 차원을 더하고 있다. 스마트시티, IoT, 빅데이터 등의 기술은 도시 공간을 더욱 정교한 소비 유도 시스템으로 진화시키고 있다.

개인의 위치 정보와 소비 패턴을 실시간으로 분석하여 맞춤형 광고를 제공하는 '어드레서블 미디어'의 확산, 증강현실을 활용한 가상 쇼핑 경험의 도입, 블록체인 기반의 새로운 지역 화폐 실험 등이 그 예이다. 도시 공간 자체가 하나의 거대한 개인화된 쇼핑몰로 변모하고 있는 것이다.

특히 '플랫폼 자본주의' 시대에는 물리적 공간과 디지털 공간의 경계가 모호해지고 있다. 우버, 에어비앤비 같은 플랫폼들이 기존 도시 공간의 활용 방식을 근본적으로 바꾸고 있으며, 이는 새로운 형태의 도시 미학을 요구하고 있다.

문화적 소비의 양면성

자본주의가 만들어낸 '문화적 소비의 도시'는 명백한 양면성을 갖는다. 한편으로는 다양하고 풍부한 문화적 경험을 시민들에게 제공한다. 세계 각국의 음식, 음악, 예술, 패션을 손쉽게 경험할 수 있게 해주고, 개인의 취향과 정체성을 표현할 수 있는 다양한 선택지를 제공한다.

하지만 다른 한편으로는 모든 것을 상품화하고 획일화하는 위험도 내포한다. 도시의 고유한 문화적 특성이 관광 상품으로 패키징되면서 본래의 의미를 잃어버리거나, 글로벌 브랜드의 확산으로 도시가 점점 비슷해져 가는 현상이 그것이다.

화폐가 만든 새로운 도시 문명

결국 자본주의가 그려낸 서양 문화와 도시 미학은 화폐라는 새로운 추상적 권력이 만들어낸 문명의 산물이다. 종교나 왕권 같은 전통적 권력과 달리, 화폐는 끊임없이 움직이고 변화하며 새로운 가능성을 창출하는 동적 권력이다.

이러한 동적 권력의 특성은 자본주의 도시 미학의 핵심적 특징인 '끊임없는 변화'와 '창조적 파괴'를 낳았다. 유행의 빠른 변화, 공간의

지속적 재개발, 문화 트렌드의 급속한 전환 등은 모두 자본의 움직임이 만들어내는 현상이다.

현재 우리가 살고 있는 도시들은 여전히 이 자본주의적 도시 미학의 영향 아래 있다. 하지만 기후 위기, 불평등 심화, 디지털 전환 등 새로운 도전이 등장하면서 이 패러다임도 변화를 요구받고 있다. 화폐의 논리를 넘어서는 새로운 도시 가치들 - 지속 가능성, 포용성, 회복력 등이 새로운 도시 미학의 원동력으로 부상하고 있는 것이다. 자본주의가 그려낸 도시는 인류 역사상 가장 역동적이고 창조적인 공간이었다. 동시에 가장 모순적이고 위기에 취약한 공간이기도 했다. 이제 우리는 그 유산을 비판적으로 계승하면서 새로운 도시 문명을 만들어가야 할 시점에 서 있다.

3-3
| 문화 |

그리스 신화와 넷플릭스

서양의 도시를 만든 문화 자본의 미학

서양의 도시를 만든 문화 자본의 미학

아테네 시민들이 파르테논 신전 앞 아고라에서 철학을 논하던 그 순간부터, 서양의 도시는 단순한 거주 공간이 아닌 '문화'라는 보이지 않는 자본이 축적되는 살아 있는 유기체였다. 2500년이 지난 지금, 넷플릭스 화면 속에서 현대적으로 재해석된 그리스 신들을 보며 우리는 문화 자본의 놀라운 지속력과 변화무쌍한 생명력을 목격한다.

고전의 DNA, 도시 설계 철학의 원형

히포다모스가 기원전 5세기에 고안한 격자형 도시 계획은 단순한 기술적 혁신이 아니었다. 그것은 '질서'와 '조화'라는 그리스 철학의

핵심 가치를 물리적 공간에 투영한 최초의 시도였다. 아고라를 중심으로 한 공공 공간의 개념, 신전과 극장이 도시 경관의 중심축을 이루는 배치 원리는 오늘날 뉴욕 맨해튼의 센트럴파크나 파리의 샹젤리제, 서울 광화문광장에서도 그 DNA를 확인할 수 있다.

더욱 흥미로운 것은 이러한 고전적 원리가 현대 건축에서 끊임없이 '부활'하고 있다는 점이다. 워싱턴 D.C.의 링컨 기념관, 런던의 브리티시 뮤지엄, 심지어 우리나라 국회의사당까지, 권위와 영속성을 상징해야 할 건물들은 여전히 그리스·로마의 기둥과 삼각형 박공을 차용한다. 이는 단순한 모방이 아니라, 서양 문명이 2500년간 축적해 온 '미적 권위'라는 문화 자본을 활용하는 전략적 선택인 것이다.

문화 자본의 현대적 진화: 교육에서 산업으로

피에르 부르디외가 정의한 문화 자본은 '경제력만으로는 살 수 없는 문화적 능력'이다. 그리스 신화가 서구 교육의 필수 교양으로 자리 잡은 것도 바로 이 때문이다. 셰익스피어의 희곡부터 할리우드 블록버스터까지, 서양 문화 콘텐츠의 상당 부분이 그리스·로마 신화를 레퍼런

스로 활용한다. 이제 넷플릭스의 '카오스'나 '올림포스의 별' 같은 콘텐츠가 이 고전적 자산을 글로벌 디지털 플랫폼을 통해 재해석하며 새로운 문화 산업의 동력으로 전환시키고 있다.

특히 주목할 점은 이러한 문화 콘텐츠가 단순한 오락을 넘어 '도시 브랜딩'의 핵심 요소로 기능한다는 것이다. 뉴욕의 'I♥NY' 캠페인이 1970년대 위기의 도시를 전 세계인이 사랑하는 문화 도시로 탈바꿈시킨 것처럼, 문화 자본은 도시의 정체성과 경쟁력을 결정하는 핵심 변수가 되었다.

디자인 철학: 영속성과 혁신의 변증법

그리스 건축의 '황금비'나 로마 건축의 '아치와 돔' 구조는 단순한 미적 원리를 넘어 '완벽함'에 대한 서양 문명의 지속적 추구를 보여준다. 르네상스 시대 팔라디오가 고전 건축을 재해석한 빌라들이 오늘날에도 럭셔리 주택의 모델이 되는 것처럼, 고전적 미학은 끊임없이 현대적 해석을 통해 새로운 생명력을 얻는다.

리처드 플로리다가 제시한 창조 도시의 3T - 기술(Technology), 재능(Talent), 관용(Tolerance) - 역시 아테네의 민주정이 이미 2500년 전에 실현했던 모델이다. 소크라테스가 아고라에서 자유롭게 대화하고, 페리클레스가 파르테논 신전을 건설하며 도시의 미적 품격을 높였던 것처럼, 현대의 창조 도시 역시 문화적 다양성과 창의적 계층의 역동성에서 동력을 찾는다.

미래 도시의 새로운 상상력: 디지털 아고라의 등장

디지털 시대의 도시는 물리적 공간과 가상 공간이 중첩되는 하이브리드 형태로 진화하고 있다. 스마트시티의 빅데이터와 AI 기술이 만들어내는 '디지털 트윈'은 현실 도시의 완벽한 복제본을 가상공간에 구현한다. 이는 플라톤이 『국가』에서 그려낸 '이데아의 세계'와 현실 세계의 관계를 연상시킨다.

더욱 흥미로운 것은 넷플릭스 같은 글로벌 플랫폼이 새로운 형태의 '문화 아고라'로 기능하고 있다는 점이다. 전 세계 시청자들이 동시에 같은 그리스 신화 콘텐츠를 소비하고 토론하는 현상은, 물리적 경계를 초월한 새로운 형태의 도시 공동체를 창조한다.

유럽 각국의 '문화 수도' 사업이 성공을 거둔 것도 같은 맥락이다. 영국 리버풀이 비틀즈라는 문화 브랜드를 활용해 쇠퇴한 항만도시에서 세계적 관광도시로 재탄생한 것처럼, 21세기 도시의 경쟁력은 물리적 인프라보다 문화 콘텐츠의 창조와 유통 능력에 달려 있다.

문화 자본의 미래: 지속 가능한 도시 발전의 열쇠

전주 한옥마을이 연간 천만 명 이상의 방문객을 끌어들이고, 안동 하회마을이 세계문화유산으로 등재되어 지역경제 활성화의 견인차 역할을 하는 것은 문화 자본의 현대적 활용 사례이다. 하지만 진정한 창조 도시가 되기 위해서는 단순한 문화유산의 보존을 넘어, 그 공간에서 끊임없이 새로운 문화 콘텐츠가 생산되고 순환되어야 한다.

결국 도시는 단순한 물리적 공간이 아니라 '문화'라는 보이지 않는 자본이 축적되고 순환하는 살아 있는 생태계다. 그리스 신전의 기둥에서 시작된 서양의 도시 미학이 넷플릭스의 디지털 콘텐츠로 재탄생하는 이 순간, 우리는 문화 자본의 놀라운 생명력을 목격하고 있다. 도시는 정말 다 계획이 있구나. 2500년 전 그리스인들의 상상력이 오늘 우리 손안의 스마트폰에서 다시 살아나고 있으니 말이다.

3-4
| 예술 |

서구 예술이 그려낸 하나의 시대

갤러리 경제와 예술 생태계

프랑스 파리의 루브르 박물관 앞 피라미드를 바라보며 서 있노라면, 한 가지 분명한 사실을 깨닫게 된다. 도시는 예술을 담는 그릇이 아니라, 예술이 도시를 만들어내는 살아 있는 창조자라는 것이다. 파리가 '예술의 도시'가 된 것은 단순히 많은 미술관이 있어서가 아니라, 수백 년간 축적된 예술적 상상력이 도시의 골목골목, 광장과 건물, 심지어 시민들의 일상까지 스며들어 있기 때문이다.

예술이 도시를 재창조하는 힘

서구 예술사를 관통하는 가장 놀라운 현상 중 하나는 예술이 도시의 운명을 바꿔놓는 변혁적 힘이다. 르네상스 시대 피렌체가 메디치

가문의 예술 후원을 통해 유럽 문화의 중심지로 부상한 것이나, 19세기 파리가 인상파 화가들의 혁신적 실험을 품으며 근대 예술의 수도가 된 것은 우연이 아니다. 예술은 단순한 장식이나 오락을 넘어 도시의 정체성과 경쟁력을 결정하는 핵심 동력이었다.

가장 극적인 사례는 스페인 북부의 쇠락한 공업 도시 빌바오이다. 1990년대까지만 해도 빌바오는 철강 산업의 쇠퇴로 실업률이 25%에 달하는 위기의 도시였다. 그러나 1997년 프랭크 게리가 설계한 구겐하임 미술관이 들어서면서 모든 것이 바뀌었다. 타이타늄 외벽이 만들어내는 환상적인 곡선미와 혁신적인 공간 구성은 그 자체로 하나의 거대한 조각품이 되었고, 전 세계 관광객들이 이 '건축 예술품'을 보기 위해 몰려들었다.

갤러리 경제의 탄생과 도시 브랜딩

'빌바오 효과'라는 경제학 용어까지 탄생시킨 이 성공 스토리는 단순한 미술관 건립이 아니었다. 구겐하임 미술관은 개관 후 3년 만에 건설비를 회수했고, 연간 100만 명 이상의 관광객이 찾아오면서 4,000개의 새로운 일자리를 창출했다. 호텔 수는 10배 이상 증가했고, 주변 지역의 부동산 가치는 급상승했다. 이는 '갤러리 경제'라는 새로운 개념의 탄생을 알리는 신호탄이었다.

갤러리 경제란 미술관과 갤러리를 중심으로 형성되는 창조 산업 생태계를 의미한다. 단순히 작품을 전시하고 관람하는 공간을 넘어, 큐레이터, 아트딜러, 비평가, 보존 전문가, 운송업체, 보험업체, 카페와 레스토랑, 아트북 출판사 등 수십 개 업종이 유기적으로 연결된 복합 산업군이 형성된다. 뉴욕의 첼시 지구나 런던의 화이트채펄 지역이 세계적인 아트 허브로 성장한 배경에는 바로 이런 생태계적 접근이 있었다.

교육적 가치: 도시 자체가 살아 있는 교실

서구 도시들이 예술을 통해 얻은 가장 큰 자산은 경제적 효과를 넘어선 교육적 가치이다. 파리의 몽마르트르 언덕을 걸으며 피카소와 르누아르가 작업했던 공간을 체험하거나, 로마의 바티칸 시스티나 성당에서 미켈란젤로의 천지창조를 직접 바라보는 경험은 어떤 교과서도 대체할 수 없는 살아 있는 교육이다.

이는 단순한 문화 관광을 넘어 도시 전체가 하나의 거대한 '예술 교육 캠퍼스'로 기능함을 의미한다. 베네치아가 2년마다 개최하는 비엔날레는 전 세계 현대미술의 동향을 한눈에 파악할 수 있는 살아 있는 교육 현장이다. 도시의 궁전과 교회, 광장과 운하가 모두 전시장이 되고, 시민들과 관광객들이 자연스럽게 예술 교육의 주체가 된다.

디자인적 측면: 예술이 만드는 도시 미학

서구 도시 미학의 핵심은 예술과 일상의 경계를 허무는 데 있다. 파리의 오스만 대로나 바르셀로나의 가우디 건축물들은 단순한 도시 인프라가 아니라 시민들이 매일 경험하는 '살아 있는 예술품'이다. 이는 동양의 실용 중심적 도시 설계와는 근본적으로 다른 철학적 접근이다.

특히 주목할 점은 공공 예술(Public Art)의 발달이다. 시카고의 클라우드 게이트(일명 '콩')나 뉴욕 센트럴파크의 조각품처럼, 서구 도시들은 공공 공간에 예술을 배치함으로써 시민들의 일상을 풍요롭게 만들어왔다. 이는 단순한 장식을 넘어 도시의 정체성을 형성하고 시민들의 자긍심을 높이는 중요한 장치로 기능한다.

미래 도시적 측면: 메타버스와 디지털 아트의 새로운 가능성

디지털 시대의 도시는 물리적 공간과 가상 공간이 중첩되는 하이브리드 형태로 진화하고 있다. 코로나19 팬데믹을 계기로 급속히 발전한 메타버스 기술은 예술 생태계에도 혁명적 변화를 가져왔다. 이제 전세계 어디서든 VR 헤드셋을 착용하고 루브르 박물관을 관람하거나, 가상 갤러리에서 NFT 작품을 구매할 수 있게 되었다. 더욱 흥미로운 것은 메타버스 공간에서 물리적 제약을 뛰어넘는 새로운 형태의 예술이 탄생하고 있다는 점이다. 중력을 무시하는 조각품, 시공간을 넘나드는 설치 작품, 관객과 실시간으로 상호작용하는 인터랙티브 아트 등은 기존 예술의 개념을 확장하고 있다.

서울 DDP의 '퓨처시티' 전시나 부산시립미술관의 메타버스 콘텐츠처럼, 국내에서도 디지털 기술과 예술의 융합을 통한 새로운 도시 문화 창조 실험이 활발히 진행되고 있다. 이는 단순히 기존 예술을 디지털화하는 수준을 넘어, 디지털 네이티브 세대를 위한 완전히 새로운 형태의 문화 경험을 제공한다.

예술 생태계의 지속 가능한 미래

결국 서구 예술이 도시에 남긴 가장 큰 유산은 '예술이 삶이고, 삶이 예술'이라는 철학적 인식이다. 이는 예술을 박물관이나 갤러리에 갇힌 엘리트 문화로 보는 관점을 넘어, 시민 모두가 참여하고 향유할 수 있는 생활 문화로 확장하였다.

미래의 도시는 물리적 갤러리와 디지털 플랫폼이 유기적으로 연결된 새로운 형태의 예술 생태계를 구축해야 할 것이다. 빌바오가 하나의 미술관으로 도시 전체를 변화시켰듯이, 이제는 도시 전체가 하나의 거대한 갤러리가 되는 시대가 오고 있다. 도시는 정말 다 계획이 있구나. 서구 예술이 그려낸 하나의 시대가 지금 우리 앞에 새로운 캔버스를 펼쳐놓고 있으니 말이다.

3-5
| 산업 |

증기 기관에서 실리콘으로

공장 생태계로 부터 빚어진 도시의 미학과 문화

도시는 시대의 거울이다. 서양 문화사에서 도시 미학의 변천을 추적하면, 산업의 진화와 함께 변모해 온 도시 공간의 장대한 드라마를 목격할 수 있다. 19세기 증기 기관의 굉음으로 시작된 산업 혁명부터 21세기 실리콘의 조용한 혁신에 이르기까지, 도시는 단순한 거주 공간을 넘어 문명의 아우라를 품고 진화해왔다.

산업 혁명과 도시 미학의 탄생

1760년대 영국에서 시작된 산업 혁명은 도시 경관을 근본적으로 바꿔놓았다. 농촌에서 몰려든 노동자들을 수용하기 위해 급조된 공장 도시들은 처음에는 기능성만을 추구했다. 맨체스터, 리버풀, 버밍엄과 같은 도시들에는 거대한 굴뚝과 공장 건물이 즐비했고, 증기 기관의 검은 연기가 하늘을 뒤덮었다. 이때의 도시 미학은 '생산성의 숭고함'이었다. 공장의 웅장한 벽돌 건축물과 기계적 반복성은 새로운 시대의 미학적 어휘를 제공했다.

바우하우스와 기능주의 미학의 혁신

20세기 초 독일에서 등장한 바우하우스 운동은 산업사회의 미학적 철학을 정립했다. 발터 그로피우스가 주창한 "형태는 기능을 따른다"는 원칙은 단순히 건축 이론을 넘어 도시 전체의 디자인 철학이 되었다. 바우하우스는 공장과 주거, 교육과 생산을 통합하는 새로운 도시 생태계를 제시했다. 데사우의 바우하우스 건물은 유리와 철골로 구성된 모더니즘 건축의 전형이 되었고, 이는 산업 도시의 새로운 미학적 패러다임을 제시했다.

이들이 추구한 기계 미학은 장식을 배제하고 기하학적 순수성을 강조했다. 공장의 논리가 도시 전체로 확산되면서, 효율성과 합리성이 아름다움의 새로운 기준이 되었다. 바우하우스의 영향은 단순히 건축에만 머물지 않고 가구, 그래픽 디자인, 도시 계획에까지 확장되어 '총체적 예술 작품으로서의 도시'라는 비전을 실현했다.

전후 복구와 도시 재생의 미학

2차 대전 이후 서유럽 도시들은 폐허에서 새롭게 태어났다. 이 과정에서 산업 유산을 문화적 자산으로 재해석하는 움직임이 일어났다. 독일의 루르 지역은 대표적인 사례이다.

과거의 탄광과 제철소가 문화 공간과 박물관으로 변모하면서, 산업 건축물의 투박한 아름다움이 재발견되었다. 굴뚝과 용광로는 더 이상 환경 오염의 상징이 아니라 산업 문명의 기념비가 되었다.

영국의 런던 역시 19세기 산업 도시의 흔적을 간직한 땅이 '기술과 혁신, 창의성의 허브'로 재탄생했다. 테이트 모던이 발전소를 개조한 미술관이 된 것처럼, 산업 시설의 기능적 미학이 문화적 미학으로 승화되는 과정을 보여준다.

실리콘밸리와 디지털 도시의 새로운 패러다임

21세기에 들어 캘리포니아의 실리콘밸리는 서양 도시 문화의 새로운 전형을 제시했다. 이곳의 도시 미학은 증기 기관 시대의 웅장함과는 정반대의 방향으로 진화했다. 애플, 구글, 페이스북의 캠퍼스들은 공원과 자연을 품은 수평적 건축물로 설계되었다. 굴뚝 대신 유리 돔이, 검은 연기 대신 푸른 잔디가 도시의 상징이 되었다.

실리콘밸리의 도시 계획은 창의성과 협업을 촉진하는 공간 설계에 중점을 둔다. 개방형 사무실, 공유 공간, 카페형 업무 환경은 새로운 업무 문화와 함께 도시 미학의 새로운 방향을 제시한다. 이는 산업 시대의 수직적, 위계적 공간 구성과는 근본적으로 다른 수평적, 네트워크형 공간 철학을 보여준다.

미래 도시와 지속 가능한 미학

오늘날 서양의 도시들은 스마트시티라는 새로운 비전을 향해 나아가고 있다. 코펜하겐, 암스테르담, 스톡홀름 등은 친환경 기술과 디지털 혁신을 통해 지속 가능한 도시 미학을 구현하고 있다. 이들 도시의 미학은 기술과 자연의 조화, 효율성과 인간성의 균형을 추구한다. 증기 기관에서 실리콘으로 이어지는 서양 도시 문화의 변천사는 산업의 진화가 곧 미학의 진화임을 보여준다. 19세기 공장 굴뚝의 웅장함에서 21세기 유리 건물의 투명함에 이르기까지, 각 시대의 도시는 그 시대가 추구하는 가치와 미학을 공간에 새겨 넣었다. 공장 생태계로부터 시작된 도시 미학은 이제 창의 생태계의 미학으로 진화하고 있다. 도시는 여전히 계획이 있고, 그 계획 속에는 인간이 꿈꾸는 미래의 모습이 담겨 있다.

3-6
| 발전 |

산업 혁명과 대량 생산, AI로 이어지는 도시의 발전

프로메테우스로부터 디지털 조명의 스마트시티까지

도시는 인류 문명의 가장 압축적인 표현이다. 서양 문화사에서 도시의 발전을 추적하면, 그리스 신화의 프로메테우스가 인간에게 준 불에서 시작된 기술 문명이 어떻게 오늘날의 디지털 조명이 밝히는 스마트시티까지 진화해 왔는지를 목격할 수 있다. '발전'이라는 키워드로 관통하는 이 장대한 여정은 단순한 기술 진보를 넘어 인간이 꿈꾸는 이상향의 구현 과정이다.

프로메테우스의 불: 문명의 원형적 발전

그리스 신화에서 프로메테우스가 신들로부터 훔친 불은 단순한 물리적 에너지가 아니라 지식과 기술, 그리고 문명의 상징이었다. 이 원형적 서사는 서양 문화에서 기술 발전에 대한 근본적 시각을 형성했다. 프로메테우스의 불은 인간을 야생 상태에서 문명 상태로 이끌었고, 이후 모든 도시 발전의 철학적 토대가 되었다.

고대 그리스의 폴리스에서 시작된 서양 도시 문화는 이미 '발전'에 대한 명확한 비전을 가지고 있었다. 아테네의 아크로폴리스나 로마의 포룸은 단순한 건축물이 아니라 인간의 이성과 기술이 만들어낸 질서의 구현체였다. 이들 공간은 자연을 극복하고 인간다운 삶을 구현하려는 의지의 산물이었다.

산업 혁명: 대량 생산의 미학과 도시 변혁

18~19세기 산업 혁명은 프로메테우스의 상징적 불을 실제 증기 기관의 물리적 에너지로 구현했다. 이 시기 서양 도시들은 근본적인 변혁을 경험했다. 맨체스터, 버밍엄, 에센과 같은 산업 도시들은 대량 생산 시스템의 논리에 따라 재편되었다.

산업 혁명 시대의 도시 미학은 '효율성의 숭고함'으로 특징 지을 수 있다. 거대한 공장 건물과 노동자 주택 단지는 기능주의적 미학을 창조했다. 이는 중세의 장인 정신이나 르네상스의 인문주의적 미학과는 전혀 다른 새로운 패러다임이었다. 대량 생산의 논리는 도시 공간을 표준화하고 합리화했으며, 이 과정에서 근대적 도시 계획의 개념이 탄생했다.

특히 독일의 바우하우스 운동은 산업 시대 도시 발전의 철학적 정수를 보여준다. "형태는 기능을 따른다"는 원칙하에, 공장과 주택, 교육시설이 통합된 새로운 도시 생태계를 제시했다. 이는 단순히 건축적 혁신을 넘어 산업사회 전체의 미학적 비전을 구현한 것이었다.

전후 재건: 발전의 새로운 의미

2차 대전 이후 서양 도시들의 재건 과정은 '발전' 개념의 전환점이 되었다. 단순한 복구를 넘어 더 나은 도시를 만들겠다는 의지가 새로운 도시 미학을 탄생시켰다. 이 시기의 발전은 양적 성장뿐만 아니라 질적 향상을 추구했다.

　런던의 뉴타운 건설이나 독일 루르 지역의 산업 유산 활용 사례는 '발전'이 단순한 신축이 아니라 기존 자산의 창조적 재활용임을 보여준다. 과거의 탄광과 제철소가 문화 공간과 교육시설로 변모하는 과정에서, 산업 시대의 투박한 미학이 포스트모던 시대의 세련된 문화적 미학으로 승화되었다.

디지털 혁명과 스마트시티: 새로운 발전 패러다임

　21세기에 들어 디지털 기술의 발전은 도시 발전의 완전히 새로운 차원을 열었다. 실리콘밸리에서 시작된 디지털 혁명은 서양 도시 문화의 새로운 전형을 제시했다. 이제 '발전'은 물리적 확장이나 생산 증대가 아니라 정보의 흐름과 네트워크의 지능화를 의미한다.

AI 기반 스마트시티는 프로메테우스의 불이 디지털 조명으로 진화한 결과다. 센서와 데이터, 알고리즘이 결합된 지능형 가로등은 단순한 조명을 넘어 도시 전체의 신경망 역할을 한다. 이들은 교통을 제어하고, 에너지를 최적화하며, 시민들의 안전을 지킨다. 코펜하겐, 암스테르담, 바르셀로나 같은 스마트시티는 기술과 인간, 자연이 조화롭게 공존하는 새로운 발전 모델을 제시한다.

미래 도시의 발전 철학

오늘날 서양의 도시 발전은 지속 가능성과 포용성을 핵심 가치로 삼는다. 프로메테우스가 준 불이 환경 파괴를 가져온 역설을 인식하고, 이제는 '현명한 프로메테우스'가 되려 한다. 친환경 기술과 스마트 인프라를 통해 도시는 더 이상 자연의 대립자가 아니라 생태계의 일부가 되려 한다.

프로메테우스의 불에서 디지털 조명의 스마트시티까지, 서양 도시 발전의 역사는 기술과 문화, 이상과 현실이 만나는 지점에서 이루어졌다. 각 시대의 '발전'은 그 시대가 추구하는 가치와 미학을 도시 공간에 새겨 넣었다. 산업 혁명의 효율성에서 디지털 시대의 지능성으로, 대량 생산의 표준화에서 AI의 개인화로 진화하면서도, 인간다운 삶을 구현하려는 근본적 욕망은 변하지 않았다. 도시의 발전은 곧 인간 문명의 발전이며, 그 여정은 여전히 진행 중이다.

3-7
| 교육 |

12세기 옥스퍼드부터
21세기 비대면 캠퍼스까지

도시에 펼쳐진 열린 교실과 저마다의 대학캠퍼스

 교육은 도시를 만들고, 도시는 교육을 키운다. 서양 문화사에서 대학과 도시의 관계를 추적하면, 12세기 옥스퍼드의 작은 교실에서 시작된 지식 공동체가 어떻게 21세기 글로벌 비대면 캠퍼스라는 무경계 교육 공간으로 진화해 왔는지를 목격할 수 있다. '교육'이라는 키워드로 관통하는 이 천년의 여정은 단순한 교육 제도의 변천사가 아니라, 인간이 지식을 추구하는 방식과 그것이 도시 공간에 새겨온 문화적 궤적의 기록이다.

중세: 도시 속에 뿌리내린 최초의 지식 공동체
 12세기 유럽에서 대학의 탄생은 도시 문명의 새로운 전환점이었다.

1088년 볼로냐 대학, 1150년경 파리 대학, 1096년 옥스퍼드 대학의 등장은 단순한 교육기관의 설립을 넘어 도시 문화의 패러다임 변화를 의미했다. 이 초기 대학들은 명확한 캠퍼스 경계 없이 도시 곳곳에 흩어져 있었다. 옥스퍼드의 경우 38개 칼리지가 도시 전체에 분산되어 있어, 도시 자체가 거대한 캠퍼스 역할을 했다.

이 시대의 교육 미학은 '도시와의 유기적 통합'이었다. 학생들은 시장 근처의 하숙집에서 생활하며, 교회 건물을 빌려 수업을 듣고, 도시 광장에서 토론했다. 볼로냐는 법학으로, 파리는 신학으로, 옥스퍼드는 자유 학예로 특화되면서, 각 도시마다 고유한 지적 정체성을 형성했다. 대학은 도시에 뿌리를 내렸고, 도시는 대학을 통해 유럽 지성사의 중심지가 되었다.

근세–근대: 계획된 아카데미아의 탄생

15~18세기를 거치면서 대학은 점차 독립적인 물리적 공간을 확보하기 시작했다. 특히 17~18세기 계몽주의 시대에는 '이상적 교육 공간'에 대한 건축적 비전이 구체화되었다. 영국의 케임브리지, 독일의 괴팅겐, 미국의 하버드와 예일은 각각 고유한 캠퍼스 미학을 발전시켰다.

이 시기의 대학 건축은 고딕 리바이벌과 신고전주의 양식을 통해 '지식의 성역'이라는 상징성을 구현했다. 옥스퍼드의 보들리안 도서관이나 케임브리지의 킹스 칼리지 채플은 단순한 교육시설을 넘어 서양 문명의 지적 권위를 시각화한 기념비적 건축물이 되었다. 이들 캠퍼스는 도시와 분리된 '상아탑'의 개념을 확립하며, 엘리트 교육의 독점적 공간이라는 미학적 철학을 구현했다.

20세기: 대중 교육과 캠퍼스의 민주화

20세기에 들어 고등교육의 대중화와 함께 대학 캠퍼스의 개념이 근본적으로 변화했다. 1960년대 학생 운동은 폐쇄적 캠퍼스 문화에 도전했고, 이는 캠퍼스 디자인의 혁신으로 이어졌다. 캘리포니아 대학교 버클리와 같은 캠퍼스는 개방성과 접근성을 강조하는 새로운 설계 철학을 도입했다.

이 시기 캠퍼스 미학의 핵심은 '민주적 교육 공간'의 구현이었다. 기존의 위계적이고 격식적인 건축에서 벗어나, 학생 중심의 유연한 공간 구성이 주목받았다. 미국의 주립대학들은 광활한 캠퍼스 안에 다양한 기능을 가진 건물들을 배치하여 '교육 도시' 개념을 실현했다. 이는 중세의 도시 통합형과는 다른, 계획된 자족적 도시 모델이었다.

21세기 초기: 글로벌 캠퍼스와 디지털 혁신

21세기 들어 정보 기술의 발전은 캠퍼스 개념을 다시 한번 혁신했다. 인터넷과 디지털 기술을 활용한 온라인 교육이 등장하면서, 물리적 경계를 초월한 '버추얼 캠퍼스'가 현실화되었다. MIT의 OpenCourseWare, 스탠포드의 온라인 강의 플랫폼 등은 지식의 전 지구적 공유를 가능하게 했다.

동시에 물리적 캠퍼스도 진화했다. 애플 파크에서 영감을 받은 실리콘밸리식 캠퍼스 디자인이 대학가에도 도입되었다. 개방형 공간, 협업을 촉진하는 설계, 자연과의 조화를 강조하는 친환경 건축이 새로운 표준이 되었다. 이는 산업 시대의 효율성 중심 설계에서 창의성과 혁신을 지원하는 공간으로의 전환을 의미했다.

팬데믹 이후: 비대면 시대의 새로운 교육 미학

2020년 코로나19 팬데믹은 대학 교육에 급진적 변화를 가져왔다.

갑작스럽게 전 세계 대학들이 온라인 수업으로 전환하면서, '캠퍼스 없는 대학'이 현실이 되었다. 줌(Zoom) 화면 속 가상 교실은 새로운 교육 공간의 원형이 되었고, 메타버스와 VR/AR 기술을 활용한 몰입형 교육이 급속히 발전했다.

이 시기의 교육 미학은 '무경계성'과 '개인화'로 특징 지을 수 있다. 학생들은 자신의 방에서 하버드나 옥스퍼드 강의를 들을 수 있게 되었고, AI 기반 개인 맞춤형 학습이 가능해졌다. 물리적 캠퍼스의 중요성이 재평가되는 동시에, 디지털 네이티브 세대를 위한 하이브리드 교육 모델이 새로운 표준으로 자리 잡았다.

미래 전망: 교육 도시의 새로운 비전

오늘날 우리는 교육과 도시의 관계가 다시 한번 재정의되는 시점에 서 있다. 미래의 대학 캠퍼스는 물리적 공간과 가상 공간이 원활하게 연결된 '확장 현실(XR) 캠퍼스'가 될 것으로 전망된다. 학생들은 서울에서 시작한 수업을 뉴욕에서 계속하고, 런던의 연구실에서 실험을 수행할 수 있게 될 것이다.

3-8
| 정치 |

광장에서 의회로, 다시 뉴스피드로

권력과 소통, 미학의 정치 시스템

정치는 공간을 만들고, 공간은 정치를 빚는다. 서양 문화사에서 정치적 소통의 무대가 어떻게 변화해 왔는지 살펴보면, 고대 그리스 아고라의 열린 광장에서 시작된 민주적 토론 공간이 중세의 시청 광장을 거쳐 근대의 의회 건물로 제도화되고, 다시 21세기 소셜미디어의 뉴스피드라는 가상 공간으로 확장되어 온 흥미로운 궤적을 발견할 수 있다. 이 변화의 여정은 단순한 정치제도의 진화를 넘어, '정치'라는 인간 활동이 도시 공간에 새겨온 미학적 실험의 기록이다.

아고라: 평등한 시민들의 원형적 정치 공간

기원전 5세기 아테네의 아고라는 서양 정치 문화의 원형을 제시했다.

'함께 모이다'라는 뜻의 아고라는 단순한 장터가 아니라 시민들이 자유롭게 모여 토론하고 결정하는 민주주의의 물리적 구현체였다. 이 공간의 미학은 '개방성'과 '평등성'에 기반했다. 특별한 건축적 위계나 장식 없이, 모든 시민이 동등한 발언권을 갖는 수평적 공간이었다.

아고라의 정치 미학은 '비움의 철학'이었다. 중앙의 넓은 빈 공간은 어떤 고정된 권력도 상징하지 않았다. 대신 시민들의 목소리가 채워 넣는 유동적 공간이었다. 이러한 공간 구성은 직접민주주의라는 정치 이념을 건축적 언어로 번역한 결과였다. 아고라 주변의 스토아(주랑)는 시민들의 일상적 만남과 정치적 토론을 자연스럽게 연결하는 매개 공간 역할을 했다.

로마 포룸: 제국의 권력을 시각화하는 기념비적 공간

로마 제국은 아고라의 평등한 공간 개념을 권력의 시각적 표현으로 변형시켰다. 포로 로마노는 더 이상 시민들의 자유로운 토론 공간이 아니라, 황제의 권위를 과시하는 기념비적 무대였다. 웅장한 바실리카, 개선문, 황제 동상들로 둘러싸인 포룸은 '권력의 극장'이었다.

이 시기의 정치 공간 미학은 '위압과 장엄함'으로 특징 지을 수 있다. 트라야누스 포룸, 카이사르 포룸 등 황제들의 개인 포룸은 정치적 업적을 영구화하는 미디어 역할을 했다. 건축은 단순한 기능적 공간을 넘어 정치적 메시지를 전달하는 커뮤니케이션 도구가 되었다. 이는 민주적 참여보다는 권력의 일방적 소통을 위한 공간 설계였다.

중세 시청 광장: 도시 공동체의 자치 공간

중세 유럽에서는 봉건제하에서도 도시 공동체만의 독특한 정치 공간이 형성되었다. 피렌체의 시뇨리아 광장, 시에나의 캄포 광장, 브뤼

셸의 그랑 플라스 등은 길드와 부르주아지가 주도하는 도시 정치의 무대였다. 이 광장은 시청사나 길드 회관 등 시민 자치 기구의 건물로 둘러싸여 있었다.

중세 시청 광장의 미학은 '공동체의 결속'을 강조했다. 베키오 궁전 같은 시청 건물들은 왕궁의 화려함보다는 실용적 견고함을 추구했다. 이는 왕권과 구별되는 시민 권력의 독자적 미학을 보여준다. 광장에서 열리는 시장과 축제, 공공 연설은 경제적 활동과 정치적 참여를 자연스럽게 연결했다. 이러한 공간 구성은 '도시 공화국'이라는 정치 이념의 물리적 표현이었다.

근대 의회: 대의민주주의의 제도적 공간

18~19세기 근대 국가 형성과 함께 의회 건물이 정치 공간의 새로운 전형이 되었다. 영국의 웨스트민스터 궁전, 미국의 캐피톨, 독일의 라이히스탁 등은 대의민주주의라는 새로운 정치 시스템을 건축적으로 구현했다. 이들 건물의 공통점은 '토론과 결정'이라는 정치적 기능을 위한 전문화된 공간 설계였다.

근대 의회 건축의 미학은 '권위와 접근성의 균형'을 추구했다. 고딕 리바이벌이나 신고전주의 양식을 통해 정치적 권위를 표현하면서도, 시민들이 방문할 수 있는 개방적 구조를 유지했다. 특히 의회 내부의 반원형 배치는 토론과 합의를 위한 이상적 공간 구조로 인식되었다. 이는 아고라의 평등한 토론 문화를 제도화된 공간에서 재현하려는 시도였다.

현대 정치 건축: 투명성과 소통의 미학

20세기 후반부터 정치 건축은 '투명성'과 '접근성'을 핵심 가치로 삼기 시작했다. 독일 국회의사당의 유리 돔 재건축은 대표적 사례이다. 노먼 포스터가 설계한 투명한 유리 돔은 '시민이 정치인을 내려다보는'

상징적 구조를 실현했다. 이는 권력의 불투명성을 거부하고 시민 감시를 환영하는 새로운 정치 미학의 선언이었다.

현대 정치 건축의 또 다른 특징은 '탈권위화'이다. 전통적인 위계적 구조에서 벗어나 수평적이고 유연한 공간 구성을 추구한다. 이는 엘리트 정치에서 참여 민주주의로의 전환을 반영한다. 시민들이 언제든 접근할 수 있는 열린 구조, 다양한 형태의 공공 참여를 수용하는 복합적 공간 설계가 새로운 표준이 되었다.

디지털 뉴스피드: 무경계 정치 공간의 등장

21세기 소셜미디어의 등장은 정치 공간의 개념을 근본적으로 변화시켰다. 페이스북의 뉴스피드, 엑스(구.트위터)의 타임라인, 인스타그램의 스토리는 새로운 형태의 '디지털 아고라'가 되었다. 이 가상 공간에서는 물리적 거리와 시간의 제약 없이 정치적 의견이 교환되고 여론이 형성된다.

디지털 정치 공간의 미학은 '개인화'와 '실시간성'이다. 각자의 뉴스피드는 알고리즘에 의해 맞춤화된 개인적 정치 공간이 된다. 이는 아고라의 집단적 토론과는 다른 새로운 정치 참여 형태를 만들어낸다. 해시태그 운동, 바이럴 캠페인, 온라인 여론 조성 등은 디지털 시대의 독특한 정치 문화를 형성한다.

하지만 이러한 디지털 정치 공간은 '필터 버블'과 '에코 챔버' 현상을 통해 새로운 도전을 제기한다. 알고리즘이 매개하는 정치적 소통은 아고라의 직접적 대면 토론과는 다른 한계를 보여준다. 익명성과 거리감은 극단적 의견의 확산을 용이하게 하고, 건전한 정치적 토론 문화를 저해할 수 있다.

미래의 정치 공간: 하이브리드 모델의 가능성

오늘날 우리는 물리적 정치 공간과 디지털 정치 공간이 공존하는 복합적 환경에 살고 있다. 코로나19 팬데믹은 이러한 변화를 가속화했다. 의회의 온라인 회의, 가상 정치 집회, 디지털 시민 참여 플랫폼 등이 새로운 정치 문화를 형성하고 있다.

미래의 정치 공간은 아고라의 평등한 토론 문화, 의회의 제도적 안정성, 디지털 미디어의 접근성과 즉시성을 결합한 하이브리드 모델이 될 것으로 전망된다. 증강현실(AR)과 가상현실(VR)을 활용한 몰입형 정치 참여, AI 기반 정책 토론 플랫폼, 블록체인을 통한 투명한 의사결정 과정 등이 새로운 정치 미학을 창조할 것이다.

아고라에서 시작된 정치 공간의 진화는 여전히 진행 중이다. 각 시대의 정치 공간은 그 시대가 추구하는 민주주의의 이상과 한계를 동시에 반영해 왔다. 광장에서 의회로, 다시 뉴스피드로 이어지는 이 변화의 여정에서 우리는 인간이 꿈꾸는 이상적 정치 공동체의 모습을 읽을 수 있다. 권력과 소통, 미학의 정치 시스템은 계속 진화하며, 새로운 시대의 민주주의를 위한 공간을 모색해 나갈 것이다.

3-9
| 질병 |

흑사병, 콜레라에서 21세기 코로나까지

도시가 건강을 다루는 경계의 과정

질병은 도시를 재창조한다. 서양 문화사에서 전염병의 창궐은 단순히 생물학적 위기를 넘어 도시 문명의 근본적 전환점이 되어왔다. 14세기 흑사병의 공포에서 19세기 콜레라의 충격, 그리고 21세기 코로나19의 도전에 이르기까지, 각 시대의 전염병은 도시 공간에 새로운 '경계'를 만들고 '건강'이라는 가치를 중심으로 도시 미학을 재편해 왔다. 이 과정은 단순한 방역 대응을 넘어, 인간이 질병과 건강을 인식하는 방식이 물리적 공간에 투영된 문화적 실험의 기록이다.

중세 흑사병: 신의 심판과 격리의 미학

1347년부터 1351년까지 유럽을 휩쓴 흑사병은 중세 도시 문명에 치명적 타격을 가했다. 전체 인구의 30~60%가 사망하는 극단적 상황에서 도시들은 생존을 위한 새로운 공간 전략을 모색해야 했다. 이 시기의 방역 미학은 '분리와 격리'였다. 베네치아는 1423년 세계 최초로 검역소(Lazaretto)를 설치하여 외부에서 들어오는 선박을 40일간 격리했다. 이는 단순한 의료 시설이 아니라 '건강한 내부'와 '위험한 외부'를 구분하는 새로운 도시 경계선을 만든 것이었다.

흑사병 이후 도시들은 물리적 경계를 강화했다. 성벽은 더욱 견고해졌고, 성문 통제는 엄격해졌다. 이탈리아의 팔마노바는 흑사병을 겪은 후 건설된 대표적 계획 도시로, 9각형의 기하학적 성곽 도시 설계는 외부의 위험을 차단하려는 의지를 건축적으로 구현했다. 이 시기의 도시 미학은 '방어적 폐쇄성'으로 특징 지을 수 있다. 질병을 신의 심판으로 인식했던 중세인들에게 도시는 영혼과 육체를 보호하는 신성한 요새였다.

도시 내부에서도 공간의 분할이 일어났다. 유대인 거주 구역인 게토(Ghetto)의 확산은 질병의 희생양을 찾으려는 집단 심리와 결합하여 새로운 형태의 도시 내 경계를 만들었다. 이는 건강과 질병, 정결함과 부정함을 공간적으로 분리하려는 중세적 사고의 물리적 표현이었다.

19세기 콜레라: 과학적 위생과 개방의 미학

19세기에 여러 차례 유럽을 강타한 콜레라는 흑사병과는 다른 방식으로 도시를 변화시켰다. 1854년 런던에서 존 스노(John Snow)가 콜레라의 원인을 오염된 물로 밝혀낸 것은 질병에 대한 과학적 접근의 전환점이었다. 이제 질병은 더 이상 신의 심판이 아니라 환경과 위생의 문제가 되었다.

19세기 콜레라 대응의 핵심은 '도시 전체의 위생 시스템 개선'이었다. 에드윈 채드윅(Edwin Chadwick)의 주도로 1848년 영국에서 제정된 세계 최초의 공중보건법은 하수도 시설, 상수도 공급, 폐기물 처리를 포괄하는 근대적 도시 인프라의 기반을 마련했다. 이 시기의 방역 미학은 '투명성과 순환'이었다. 막힌 것을 뚫고, 고인 것을 흐르게 하며, 어두운 곳을 밝게 만드는 것이 건강한 도시의 조건이었다.

파리의 오스만(Haussmann) 대개조는 이러한 철학의 대표적 구현이다. 좁고 어두운 중세 골목들을 철거하고 넓고 곧은 대로를 건설한 것은 단순히 교통 개선이 아니라 공기와 빛의 순환을 통해 질병을 예방하려는 '위생 도시 계획'이었다. 이는 중세의 폐쇄적 방어에서 근대의 개방적 순환으로의 전환을 의미했다.

런던의 템스강 하수도 시스템, 파리의 지하 하수도망은 19세기 도시가 만든 '보이지 않는 건강 인프라'였다. 이들은 도시 표면 아래 거대한 기계적 순환 시스템을 구축하여 질병과 건강의 경계를 관리했다. 빅토리아 시대 런던의 공중화장실, 공공 목욕탕, 상수도 시설들은 개인의 위생을 공공의 영역으로 끌어올린 새로운 도시 문화를 창조했다.

20세기 초: 결핵 시대의 치유 건축

20세기 초 결핵이 '도시병'으로 인식되면서 건축가들은 '치유하는 건축'에 주목하기 시작했다. 알바 알토(Alvar Aalto)의 파이미오 요양원, 르 코르뷔지에(Le Corbusier)의 모던 건축 이론은 햇빛, 공기, 자연과의 접촉을 통한 건강한 생활을 추구했다. 이 시기의 건강 미학은 '자연과의 조화'였다.

모더니즘 건축의 대표적 특징인 대형 창문, 옥상 정원, 필로티 구조는 모두 건강한 생활을 위한 설계 원칙에서 나온 것이었다. 바우하우스의 기능주의 철학도 '건강한 생활을 위한 합리적 공간'이라는 위생학적 이념과 밀접한 관련이 있었다. 도시 전체를 하나의 치유 기계로 만들려는 시도였다.

현대: 웰니스 도시와 예방의 미학

20세기 후반부터 도시의 건강 개념은 질병 치료에서 예방과 웰니스로 확장되었다. 덴마크 코펜하겐의 자전거 도시 정책, 싱가포르의 가든 시티 프로젝트, 바르셀로나의 슈퍼블록 정책은 모두 일상생활 속에서 건강을 증진하는 '예방적 도시 계획'의 사례이다.

이 시기의 건강 미학은 '일상과의 통합'이다. 공원과 녹지, 보행로와 자전거 도로, 체육 시설과 여가 공간이 도시 전체에 세밀하게 통합되어 시민들의 신체적, 정신적 건강을 지원한다. 바이오필릭 디자인(Biophilic Design)과 치유 환경(Healing Environment)은 현대 도시 건축의 핵심 개념이 되었다.

21세기 코로나19: 디지털 경계와 하이브리드 공간

2020년 코로나19 팬데믹은 도시 공간에 완전히 새로운 도전을 제기했다. 이전의 전염병이 물리적 인프라의 개선으로 해결될 수 있었다면, 코로나19는 '사회적 거리두기'라는 새로운 공간 개념을 요구했다. 이는 단순히 물리적 거리가 아니라 사회적 관계 자체를 공간적으로 재구성하는 것이었다.

코로나 시대의 방역 미학은 '유연한 적응성'이다. 식당의 야외 확장, 거리의 보행자 전용화, 공공 공간의 디지털 예약 시스템은 모두 기존 도시 공간을 팬데믹 상황에 맞게 빠르게 재구성한 사례이다. 특히 디지털 기술을 활용한 접촉 추적, 출입 통제, 건강 모니터링은 '디지털 방역 인프라'라는 새로운 도시 시스템을 만들어냈다.

　재택근무의 확산은 주거 공간의 기능을 확장하였고, 온라인 쇼핑은 물류 시설의 중요성을 부각하였다. 도시 중심부의 상업 지역은 축소되고, 근거리 커뮤니티의 중요성이 재평가되었다. 15분 도시(15-minute city) 개념은 코로나 이후 도시 계획의 새로운 패러다임이 되고 있다.

미래의 건강 도시: 회복 탄력성의 미학

　코로나19를 겪으면서 도시 계획가들은 '회복 탄력성(Resilience)'을 핵심 가치로 삼기 시작했다. 미래의 건강 도시는 특정 질병에 대한 대응이 아니라 예상치 못한 다양한 위기에 유연하게 적응할 수 있는 시스템을 갖춘 도시가 될 것이다. 스마트시티 기술과 결합한 건강 모니터링, AI 기반 질병 예측, IoT를 활용한 환경 관리는 미래 도시의 건강 관리를 실시간화하고 개인화할 것이다. 동시에 자연 기반 해법(Nature-Based

Solutions)과 순환 경제 원칙은 도시를 더욱 지속 가능한 생태계로 만들어갈 것이다.

흑사병이 만든 격리의 경계에서 시작된 서양 도시의 건강 미학은 콜레라 시대의 위생 인프라, 결핵 시대의 치유 건축, 현대의 웰니스 도시를 거쳐 코로나 시대의 디지털 적응성에 이르렀다. 각 시대의 질병은 도시에 새로운 경계를 그었고, 그 경계를 넘어서는 과정에서 도시는 더욱 복합적이고 지혜로운 공간으로 진화해 왔다. 미래의 도시는 이 모든 경험을 통합하여 인간의 건강과 웰빙을 지원하는 살아 있는 생태계가 될 것이다. 질병과 건강 사이의 경계에서 도시가 배운 지혜는 계속 축적되고 있으며, 그 과정에서 더욱 인간적이고 지속 가능한 도시 문명이 탄생하고 있다.

3-10
| 환경 |

스모그에서
그린시티까지

환경이 도시를 통해 나타낸 혁신

환경은 도시의 거울이자 도시 변화의 동력이다. 서양 문화사에서 도시와 환경의 관계를 추적하면, 18~19세기 산업 혁명이 만든 스모그의 악몽에서 시작하여 21세기 그린시티의 희망에 이르는 극적인 전환을 목격할 수 있다. 이 여정은 단순한 환경 정책의 변화를 넘어, '환경'이라는 개념이 도시 공간과 문화에 미친 근본적 혁신의 기록이다. 각 시대의 환경적 도전은 새로운 도시 미학을 탄생시켰고, 그 과정에서 인간과 자연의 관계에 대한 서양 문명의 인식이 근본적으로 재편되어 왔다.

산업 혁명과 스모그: 환경 파괴의 도시 미학

18세기 후반 영국에서 시작된 산업 혁명은 도시와 환경의 관계를 근본적으로 변화시켰다. 맨체스터, 버밍엄, 셰필드 등 산업 도시들은 '검은 도시'의 대명사가 되었다. 무수한 굴뚝에서 뿜어지는 석탄 연기는 하늘을 덮었고, 공장 폐수는 강을 오염시켰다. 1952년 런던 그레이트 스모그 사건은 1만 명 이상의 사망자를 낳으며 환경 오염의 치명적 위험을 극명하게 보여주었다.

이 시기의 도시 미학은 '생산력의 숭고함'이었다. 굴뚝의 검은 연기는 번영의 상징이었고, 공장 지대의 웅장함은 산업 문명의 위력을 과시했다. 찰스 디킨스의 소설 『어려운 시절』에 등장하는 가상의 공업 도시 코크타운은 "벽돌과 모르타르로 된 정글"로 묘사되며, 이는 당시 산업 도시의 환경적 현실을 문학적으로 형상화한 것이었다. 환경 파괴는 의도하지 않은 부산물이 아니라 산업 발전의 필연적 조건으로 인식되었다.

19~20세기 초: 도시 미화 운동과 환경 의식의 태동

19세기 후반 미국에서 시작된 도시 미화 운동(City Beautiful Movement)은 환경에 대한 새로운 시각을 제시했다. 다니엘 번햄(Daniel Burnham)과 같은 건축가들은 시카고 월드 컬럼비안 박람회(1893)를 통해 '아름다운 도시'의 비전을 구현했다. 이 운동의 핵심은 공원, 대로, 기념비적 건축물을 통해 도시에 자연과 미(美)를 도입하는 것이었다.

센트럴파크의 조성자 프레더릭 로 옴스테드(Frederick Law Olmsted)는 "도시에서 자연은 사치가 아니라 필수"라고 주장했다. 이는 환경을 단순히 개발 대상이 아니라 도시 생활의 필수 요소로 인식하는 전환점이었다. 파리의 불로뉴와 뱅센 숲, 런던의 하이드파크 확장은 모두 도시 내 자연 공간의 중요성을 인식한 결과였다. 이 시기의 환경 미학은 '자연의 도시 내 재현'이었다. 인공적으로 조성된 공원과 녹지는 도시 속에서 목가적 자연을 재현하려는 시도였다. 이는 산업화로 잃어버린 자연에 대한 향수와 도시 생활의 질 향상에 대한 요구가 결합한 결과였다.

모더니즘 건축과 기능적 환경주의

20세기 초 모더니즘 건축가들은 환경을 건강과 기능의 관점에서 접근했다. 르 코르뷔지에(Le Corbusier)의 '새로운 건축의 5원칙' - 필로티, 옥상정원, 자유로운 평면, 가로로 긴 창, 자유로운 입면 - 은 모두

햇빛, 공기, 자연과의 접촉을 통한 건강한 생활 환경 조성을 목표로 했다.

발터 그로피우스(Walter Gropius)의 바우하우스, 미스 반 데어 로에(Mies van der Rohe)의 파르나스워스 하우스는 모두 자연과의 조화를 추구하는 건축 철학을 구현했다. 특히 알바 알토(Alvar Aalto)의 파이미오 요양원은 결핵 치료를 위해 자연환경을 적극 활용한 '치유 건축'의 대표작이었다.

이 시기의 환경 미학은 '기능적 자연주의'였다. 자연은 감상의 대상이 아니라 인간의 신체적, 정신적 건강을 위한 기능적 요소로 인식되었다. 이는 환경을 과학적, 의학적 관점에서 접근하는 새로운 패러다임의 등장을 의미했다.

1960-70년대: 환경주의와 생태적 각성

1962년 레이첼 카슨(Rachel Carson)의 『침묵의 봄』 출간은 서양 사회의 환경 의식에 결정적 전환점이 되었다. 1970년 첫 번째 지구의 날 행사와 함께 환경주의 운동이 본격화되었다. 이는 도시 계획과 건축에도 근본적 변화를 가져왔다.

이 시기 독일의 프라이부르크는 '그린 시티'의 선구자가 되었다. 1970년 원자력 발전소 건설 반대 운동에서 시작된 환경 의식은 도시 전체의 친환경 정책으로 확산되었다. 1979년 세계 최초의 태양열 아파트 건설, 재생에너지 확대, 자전거 도로 체계 구축은 모두 환경주의가 도시 정책과 만난 결과였다.

이 시기의 환경 미학은 '생태적 통합주의'였다. 환경은 더 이상 도시 외부의 대상이 아니라 도시 시스템과 통합되어야 할 생태적 요소로 인식되었다. 이안 맥하그(Ian McHarg)의 『자연과 함께하는 디자인』은 생태학적 원리에 기반한 도시 계획의 이론적 토대를 제공했다.

21세기: 그린시티와 지속 가능 도시의 완성

21세기 들어 기후 변화 대응이 글로벌 아젠다가 되면서 환경은 도시 정책의 최우선 과제가 되었다. 덴마크 코펜하겐의 '2025 탄소 중립' 선언, 네덜란드 암스테르담의 '도넛 경제학' 도입, 싱가포르의 '시티 인 어 가든(City in a Garden)' 프로젝트는 모두 환경을 중심에 둔 도시 혁신의 사례들이다.

현대 그린시티의 특징은 '시스템적 접근'이다. 재생 에너지, 순환 경제, 그린 인프라, 스마트 기술이 통합된 복합 시스템으로 도시를 재구성한다. 밀라노의 보스코 베르티칼레(Bosco Verticale), 싱가포르의 가든스 바이 더 베이, 코펜하겐의 코펜힐(Copenhill)은 모두 환경 기능과 도시 미학을 창조적으로 결합한 사례이다.

바이오필릭 디자인: 자연과 도시의 융합

최근 주목받는 바이오필릭 디자인(Biophilic Design)은 인간의 자연에 대한 본능적 친밀감을 도시 공간에 구현하는 새로운 접근법이다. 이는 단순히 식물을 배치하는 것을 넘어, 자연의 패턴, 질감, 소리, 냄새를 건축과 도시 공간에 통합하는 총체적 디자인 철학이다.

런던의 바비칸 컨서바토리, 토론토의 언더패스 파크, 뉴욕의 하이라인은 모두 도시 인프라를 자연 생태계와 융합시킨 혁신적 사례이다. 이들은 환경이 더 이상 도시의 외부 요소가 아니라 도시 문화와 일상의 핵심이 되었음을 보여준다.

디지털 기술과 환경 혁신

21세기 그린시티는 AI, IoT, 빅데이터와 같은 디지털 기술을 환경 관리에 적극 활용한다. 센서를 통한 실시간 대기질 모니터링, AI 기반 에너지 최적화, 스마트 그리드를 통한 재생에너지 관리는 환경 정책을 과학적이고 효율적으로 만든다.

암스테르담의 '순환 도시 2050' 계획은 디지털 기술을 활용한 자원 순환 시스템을 구축하여 폐기물 제로 도시를 목표로 한다. 이는 환경주의가 단순히 보존이 아니라 혁신과 창조의 동력이 되었음을 보여준다.

미래의 환경 도시: 리제너러티브 시티

현재 등장하고 있는 '리제너러티브 시티(Regenerative City)' 개념은 지속 가능성을 넘어 환경을 적극적으로 복원하고 개선하는 도시를 지향한다. 이는 도시가 환경의 수동적 수혜자가 아니라 생태계의 능동적 복원자가 되는 것을 의미한다.

스모그로 덮인 19세기 산업 도시에서 시작된 환경과 도시의 갈등은 21세기 그린시티에서 창조적 융합으로 진화했다. 각 시대의 환경적 도전은 새로운 도시 미학과 생활 문화를 만들어냈고, 그 과정에서 서양 문명은 자연과의 관계를 지속적으로 재정의해 왔다. 환경이 도시를 통해 나타낸 혁신은 기술적 해결책을 넘어 인간과 자연이 공존하는 새로운 문명 모델을 제시하고 있다. 미래의 도시는 환경의 파괴자도 단순한 보호자도 아닌, 생태계의 적극적 창조자로서 지구의 미래를 이끌어갈 것이다. 스모그에서 그린시티까지의 여정은 환경이 인간 문명에 던진 도전에 대한 창조적 응답의 역사이자, 더 나은 미래를 향한 지속적 혁신의 과정이다.

3-11
| 도시 |

메타버스와 르네상스, 산업과 도시의 유연성

도시 문화의 창조적 상상력

도시는 인간의 가장 창조적인 발명품이다. 서양 문화사에서 도시의 진화를 추적하면, 각 시대가 품은 창조적 상상력이 어떻게 물리적 공간으로 구현되어 왔는지를 발견할 수 있다. 르네상스 피렌체의 혁신적 도시 설계에서 산업 혁명 맨체스터의 역동적 변화, 그리고 21세기 메타버스의 가상 공간에 이르기까지, '도시'는 단순한 거주지를 넘어 인간 문명의 상상력을 실험하고 구현하는 거대한 실험실이었다. 이 과정에서 도시는 고정된 형태가 아니라 끊임없이 적응하고 변화하는 '유연성'을 핵심 특성으로 발전시켜 왔다.

르네상스: 이상적 도시의 창조적 상상

15-16세기 르네상스는 도시에 대한 서양 문화의 상상력이 폭발한 시대였다. 피렌체, 베네치아, 로마는 단순한 중세 도시를 넘어 인간의 이성과 미적 감각이 구현된 '예술 작품으로서의 도시'가 되었다. 필리포 브루넬레스키(Filippo Brunelleschi)의 피렌체 대성당 돔은 단순한 건축물이 아니라 인간의 기술적 상상력과 창조적 도전 정신을 상징하는 도시의 랜드마크가 되었다.

이 시기의 도시 미학은 '조화와 비례의 창조적 구현'이었다. 레온 바티스타 알베르티(Leon Battista Alberti)의 건축론은 도시를 하나의 거대한 예술 작품으로 인식하는 새로운 패러다임을 제시했다. 이상 도시 계획안-피라레테(Filarete)의 스포르진다(Sforzinda), 팔마노바의 9각형 성곽 도시-은 당시로서는 혁명적인 기하학적 도시 설계의 실험이었다.

르네상스 도시의 핵심은 '창조적 유연성'이었다. 기존 중세 도시의 무계획적 성장과 달리, 의도적으로 설계된 광장, 가로, 건축물들이 조화롭게 배치되면서도 시민들의 다양한 활동을 수용할 수 있는 적응적 공간을 만들어냈다. 피렌체의 시뇨리아 광장은 정치적 집회, 시장, 축제, 일상적 만남이 모두 가능한 다기능적 도시 공간의 원형을 제시했다.

바로크에서 계몽주의: 권력과 이성의 도시적 표현

17~18세기는 도시가 정치적 권력과 계몽주의적 이성을 표현하는 매체가 된 시대였다. 베르사유 궁전의 기하학적 정원과 도시 계획은 절대 왕정의 질서를 공간적으로 구현한 대표작이었다. 반면 파리의 오스만(Haussmann) 대개조는 근대적 도시 계획의 합리성과 효율성을 추구한 혁신이었다.

이 시기의 도시 상상력은 '질서와 통제의 미학'에서 '합리적 효율성의 미학'으로 진화했다. 런던의 크리스토퍼 렌(Christopher Wren)이 대화재 이후 제안한 도시 재건 계획안은 기존 도시 구조를 근본적으로 재편하려는 창조적 도전이었다. 비록 완전히 실현되지는 못했지만, 이는 도시 전체를 하나의 설계 대상으로 인식하는 근대적 도시 계획 사고의 출발점이 되었다.

산업 혁명: 기능과 속도의 도시 혁신

18~19세기 산업 혁명은 도시의 창조적 상상력을 완전히 재편했다. 맨체스터, 버밍엄, 리버풀과 같은 산업 도시들은 생산과 효율성을 중심으로 한 새로운 도시 문화를 창조했다. 이들 도시의 특징은 '기능적 유연성'이었다. 공장, 주거, 교통, 상업이 긴밀하게 연결된 산업 생태계로서 도시가 기능했다.

산업 도시의 미학은 '생산성의 숭고함'이었다. 거대한 공장 건물, 복잡한 철도 네트워크, 높게 솟은 굴뚝은 새로운 형태의 도시 경관을 만들어냈다. 찰스 디킨스의 문학 작품이 묘사한 산업 도시의 모습은 당혹스럽고 위압적이었지만, 동시에 인간 문명의 새로운 가능성을 보여주는 경이로운 공간이기도 했다.

특히 주목할 점은 산업 도시의 '적응적 진화' 능력이었다. 기술 발전과 경제 변화에 따라 도시 구조가 지속적으로 재편되었고, 새로운 교통수단, 통신 시설, 생산 시설이 기존 도시 구조와 창조적으로 결합하였다. 이는 도시가 고정된 물리적 형태가 아니라 살아 있는 유기체임을 보여주는 중요한 증거였다.

20세기 모더니즘: 기능주의와 사회적 상상력

20세기 모더니즘은 도시를 사회적 이상을 실현하는 도구로 인식했다. 르 코르뷔지에(Le Corbusier)의 '빛나는 도시(Ville Radieuse)' 계획안, 발터 그로피우스(Walter Gropius)의 바우하우스 도시 구상, 프랭크 로이드 라이트(Frank Lloyd Wright)의 '브로드에이커 시티(Broadacre City)'는 모두 기술과 사회적 이상이 결합한 미래 도시의 비전을 제시했다.

이 시기의 도시 상상력은 '사회적 기능주의'였다. 도시는 더 이상 권력이나 전통의 표현이 아니라, 인간의 건강하고 합리적인 삶을 지원하는 '살아 있는 기계(machine for living)'가 되어야 한다고 인식되었다.

이는 도시의 모든 요소-건축, 교통, 녹지, 상업, 주거-를 통합적으로 설계하는 전체론적 접근법의 등장을 의미했다.

포스트모던 도시: 다양성과 복합성의 창조

20세기 후반 포스트모더니즘은 모더니즘의 획일적 도시 계획에 대한 비판에서 출발했다. 제인 제이콥스(Jane Jacobs)의 『미국 대도시의 죽음과 삶』은 도시의 복잡성과 다양성이야말로 진정한 도시성의 본질임을 주장했다. 이는 '계획된 질서'에서 '창발적 복잡성'으로의 도시 철학 전환을 의미했다.

포스트모던 도시의 핵심은 '문화적 유연성'이었다.
뉴욕의 소호(SoHo), 런던의 캄든(Camden), 베를린의 크로이츠베르크(Kreuzberg) 같은 지역은 예술가, 학생, 이민자, 창업가들이 만들어내는 자발적 도시 문화의 실험장이 되었다. 이들 지역의 특징은 용도와 기능이 고정되지 않고 지속적으로 변화하며 새로운 문화를 창조하는 '적응적 창조성'이었다.

21세기 메타버스: 무한한 창조적 가능성의 공간

21세기 디지털 기술의 발전은 도시 상상력의 새로운 차원을 열었다. 메타버스는 물리적 제약을 완전히 벗어난 가상 도시 공간을 가능하게 했다. 세컨드라이프(Second Life)의 초기 실험에서 현재의 포트나이트(Fortnite), 로블록스(Roblox), 호라이즌 월드(Horizon Worlds)에 이르기까지, 가상 도시는 현실 도시의 한계를 넘어선 창조적 실험장이 되고 있다.

메타버스 도시의 핵심은 '무한한 유연성'이다. 중력, 물리 법칙, 경제적 제약에서 자유로운 가상 공간에서는 상상할 수 있는 모든 형태의 도시 구현이 가능하다. 사용자들은 단순한 거주자가 아니라 도시의 적극적 창조자가 된다. 이는 르네상스 이래 서양 문화가 추구해 온 '인간 중심적 도시 창조'의 극한적 실현이라 할 수 있다.

하이브리드 미래: 물리적 도시와 가상 도시의 융합

현재 우리가 목격하고 있는 것은 물리적 도시와 가상 도시의 창조적 융합이다. 증강현실(AR), 사물인터넷(IoT), AI가 결합된 스마트시티는 디지털 레이어가 물리적 도시공간에 중첩된 새로운 형태의 도시를 만들어내고 있다. 싱가포르의 '스마트 네이션' 프로젝트, 토론토의 퀘이사이드(Quayside) 계획, 중국의 웅안신구(Xiongan New Area)는 모두 물리적 인프라와 디지털 인프라가 통합된 미래 도시의 실험이다.

이러한 하이브리드 도시의 특징은 '실시간 적응성'이다. 센서와 데이터, AI를 통해 도시 시스템이 시민들의 요구와 환경 변화에 실시간으로 반응하고 적응한다. 이는 도시가 고정된 물리적 형태에서 벗어나 살아 있는 디지털 생명체로 진화하고 있음을 의미한다.

르네상스의 이상적 도시 상상에서 시작된 서양 도시 문화의 창조적 실험은 메타버스라는 무한한 가능성의 공간에서 새로운 절정을 맞고 있다. 각 시대의 도시는 그 시대의 기술적 가능성과 문화적 상상력이 만나는 지점에서 탄생했다. 산업과 기술의 발전이 가져온 도시의 유연성은 단순한 기능적 적응을 넘어, 인간의 창조적 잠재력을 실현하는 공간적 실험의 연속이었다. 미래의 도시는 물리적 공간과 가상 공간, 인간의 상상력과 인공지능의 창조성이 융합된 전례 없는 창조적 공간이 될 것이다. 도시문 화의 창조적 상상력은 여전히 진화하고 있으며, 그 가능성은 무한하다.

3-12
| 전쟁 |

서양 도시가 설계한 전쟁 인프라

전쟁과 재건 속 탄생한 서양 도시 미학

전쟁은 도시의 가장 혹독한 설계자였다. 서양 문화사에서 전쟁과 도시의 관계를 추적하면, 파괴와 방어, 재건과 혁신이 끊임없이 순환하며 도시 문명을 진화시켜 온 장대한 드라마를 목격할 수 있다. 중세 성벽 도시의 방어적 미학에서 2차 대전 후 재건 도시의 모더니스트 비전, 그리고 냉전 시대 지하 방공호의 은밀한 공간에 이르기까지, '전쟁'은 단순한 파괴력이 아니라 도시 공간과 문화를 근본적으로 재편하는 창조적 동력이었다. 이 과정에서 서양 도시는 생존을 위한 기능적 요구와 문명적 이상을 결합한 독특한 미학을 발전시켜 왔다.

중세: 성벽과 방어의 기념비적 미학

중세 유럽의 도시들은 본질적으로 '전쟁을 위해 설계된 공간'이었다. 카르카손(Carcassonne), 아비뇽(Avignon), 체스터(Chester)와 같은 성벽 도시들은 단순한 거주지가 아니라 거대한 집단 방어 시설이었다. 이들 도시의 미학은 '방어적 숭고함'으로 특징 지을 수 있다. 높고 두꺼운 성벽, 전략적으로 배치된 망루, 복잡한 성문 구조는 모두 적의 공격을 무력화하기 위한 기능적 설계였지만, 동시에 도시 공동체의 결속과 권력을 시각적으로 표현하는 상징적 건축이기도 했다.

중세 성벽 도시의 내부 구조 역시 전쟁 논리에 따라 조직되었다. 좁고 구불구불한 골목길은 침입자의 이동을 방해하도록 의도적으로 설계되었고, 중앙 광장을 중심으로 한 방사형 가로망은 위급 시 신속한

집결을 가능하게 했다. 이는 전쟁이 도시 내부의 공간 구성까지 결정하는 총체적 설계 원리였음을 보여준다.

특히 르네상스 시대의 '이상적 요새 도시' 계획안들-팔마노바의 9각형 성곽, 필리베르토 델로르메(Philibert Delorme)의 별형 요새 설계-은 군사 공학과 도시 미학이 완벽하게 융합된 사례이다. 이는 기하학적 완벽성을 추구하면서도 화포 시대의 새로운 전술적 요구에 대응한 혁신적 설계였다.

근세: 화포 시대와 바로크 요새화

16~17세기 화포의 발달은 도시 방어 체계의 근본적 혁신을 요구했다. 세바스티앙 드 보방(Sébastien Le Prestre de Vauban)의 요새 설계는 이 시대 전쟁 인프라의 걸작이었다. 보방의 별형 요새(star fort) 시스템은 단순한 방어 시설을 넘어 바로크 시대의 기하학적 질서와 권력 미학을 구현한 예술 작품이었다.

이 시기의 도시 미학은 '기하학적 통제의 미학'이었다. 베르사유 궁전과 도시의 방사형 설계는 절대 왕정의 중앙 집권적 질서를 공간적으로 표현하면서도, 동시에 군사적 효율성을 극대화한 전략적 설계였다. 넓고 곧은 대로는 군대의 신속한 이동을 가능하게 했고, 궁전을 중심으로 한 시각적 축선은 권력의 감시와 통제를 상징했다.

산업 혁명과 전쟁의 기계화

19세기 산업 혁명은 전쟁의 규모와 성격을 근본적으로 변화시켰다. 철도와 전신의 발달은 군사적 이동성과 통신 능력을 혁신했고, 이는 도시 인프라의 새로운 설계 원리가 되었다. 파리의 오스만(Haussmann) 대개조는 도시 미화 사업으로 알려져 있지만, 실제로는 군사적 목적이 핵심이었다. 넓고 직선적인 대로는 대포 사격선을 확보하고 군대의 신속한 배치를 가능하게 했으며, 바리케이드 설치를 어렵게 만들어 시민 봉기를 억제하는 효과를 가졌다.

이 시기의 도시 미학은 '산업적 효율성의 미학'이었다. 전쟁은 더 이상 개별 영웅의 무용담이 아니라 대규모 조직과 생산 능력의 경쟁이 되었고, 도시는 이러한 '전쟁 기계'의 핵심 부품으로 기능해야 했다.

독일의 크루프 공장이 있던 에센, 영국의 조선소가 집중된 글래스고 등은 평시에는 산업 도시였지만 전시에는 거대한 군수 공장으로 전환되는 이중적 성격을 가졌다.

20세기: 총력전과 도시 파괴의 미학

두 차례 세계대전은 도시와 전쟁의 관계를 완전히 재정의했다. 1차 대전의 참호전에서 시작된 '총력전' 개념은 2차 대전에서 도시 전체를 전장으로 만들었다. 런던 대공습, 드레스덴 폭격, 히로시마 원폭은 도시 자체가 전쟁의 표적이 된 새로운 시대의 시작이었다.

이 시기의 전쟁 미학은 '파괴의 숭고함'이었다. 폭격으로 무너진 도시 풍경은 전쟁의 참혹함을 보여주는 동시에, 근대 기술 문명의 위력을 드러내는 장관이기도 했다. 특히 공중 폭격은 지상의 관점에서 하늘의 관점으로 도시 인식의 패러다임을 전환하였다. 도시는 더 이상 걸어 다니며 경험하는 3차원 공간이 아니라 위에서 내려다보는 2차원 표적이 되었다.

전후 재건: 모더니즘과 새로운 도시 비전

2차 대전 후 유럽 도시들의 재건 과정은 전쟁이 도시 계획에 미친 가장 창조적 영향을 보여준다. 전쟁으로 파괴된 도시들은 과거의 복원이 아니라 미래의 창조를 선택했다. 르 코르뷔지에(Le Corbusier)의 마르세유 위니테 다비타시옹(Unité d'Habitation), 런던의 바비칸 센터, 로테르담의 모더니스트 시가지 재건은 모두 전쟁의 파괴 위에서 탄생한 새로운 도시 미학이었다.

이 시기의 재건 미학은 '미래주의적 유토피아'였다. 과거의 복잡하고 비효율적인 도시 구조를 청산하고, 과학적 계획에 기반한 합리적 도시를 건설하려는 모더니스트 이상이 전후 재건과 만나면서 현실화하였다. 전쟁의 파괴는 역설적으로 도시 계획가들에게 백지 상태의 캔버스를 제공한 셈이었다.

냉전 시대: 지하 공간과 은밀한 인프라

냉전 시대는 전쟁 인프라가 지하로 잠수한 시대였다. 핵전쟁의 위협하에서 서양 도시들은 거대한 지하 방공호 네트워크를 구축했다. 런던의 지하철 터널을 활용한 방공호, 파리의 카타콤을 개조한 대피 시설, 헬싱키의 지하 도시 시스템은 모두 보이지 않는 전쟁 준비의 산물이었다.

이 시기의 전쟁 미학은 '은밀함의 미학'이었다. 지표면의 일상적 도시 생활 아래에는 전쟁에 대비한 또 다른 도시가 숨어 있었다. 여의도 지하 벙커, 청와대 지하 시설 등은 모두 이러한 '이중 도시' 구조의 사례이다. 이는 평화와 전쟁, 일상과 비상사태가 공존하는 냉전 시대 도시의 독특한 특성이었다.

21세기: 테러와 감시의 도시

9/11 테러 이후 서양 도시들은 새로운 형태의 전쟁 위협에 직면했다. 전통적인 국가 간 전쟁이 아니라 비대칭 테러리즘에 대응하기 위한

도시 설계가 필요해졌다. 런던의 링 오브 스틸(Ring of Steel), 파리의 대테러 콘크리트 방벽, 뉴욕의 자유의 여신상 주변 보안 시설은 모두 21세기형 전쟁 인프라의 사례이다.

현대 도시의 전쟁 미학은 '투명한 감시의 미학'이다. CCTV 네트워크, 생체 인식 시스템, AI 기반 행동 분석 기술이 도시 전체를 거대한 감시 장치로 만들고 있다. 이는 과거의 물리적 방어벽과는 전혀 다른 형태의 전쟁 대비책이지만, 여전히 도시의 공간 구성과 일상 경험을 근본적으로 바꾸고 있다.

중세 성벽에서 시작된 서양 도시의 전쟁 인프라는 21세기 스마트 감시 시스템에 이르기까지 지속적으로 진화해 왔다. 각 시대의 전쟁 기술과 위협의 성격이 변화함에 따라 도시의 공간 구조와 미학적 특성도 함께 변화했다. 전쟁은 도시의 파괴자이면서 동시에 창조자였다. 생존의 절박함이 만든 기능적 요구와 문명적 이상의 결합에서 서양 도시만의 독특한 미학이 탄생했다. 전쟁과 재건의 순환 속에서 도시는 단순한 거주 공간을 넘어 인간 문명의 회복력과 창조력을 증명하는 살아 있는 증거가 되었다. 미래의 도시가 어떤 새로운 위협에 직면하든, 전쟁이 남긴 이 유산은 도시 설계의 중요한 참고점이 될 것이다.